JN074213

ロボットのこころ

想像力をもつロボットをめざして

月本 洋 著

森北出版株式会社

はじめに

　最近は，ロボットがそれなりに歩いたり握手したりしているようだ．なかには，会話をするようなロボットも見受けられる．ロボットが，SF のロボットに近づきつつあるかのようである．昨年公開された映画の『A.I.』では，ほとんど人間のようである．まあ，人間が演じているのだからあたりまえであるが．また，ペットロボットも人気があるようで，新しいロボットの一分野になりつつある．ペットロボットを持っている人は，結構，自分のペットロボットに感情移入しているようである．そうなると，近い将来，隣の家の子供が自分が溺愛しているペットロボットを壊したということで，裁判沙汰になるということも予想される．動物愛護ではなく，ロボット愛護運動も出てくるかもしれない．実際，ロボットに関する倫理を制定する必要があるという動きもある．

　少し前まで，ロボットというと自動車工場の組み立てラインで，組み立て作業をする機械のことを呼んでいた．たとえば溶接ロボットを見ても，それをロボットと呼ばなくても良いのではと，筆者はひそかに思っていたが，最近のロボットは，ロボットと呼んでも良いところまできたようである．

　最近のロボットは，外見は，かなり人間に近づいたが，機能はどうであろうか．腕や脚はそれなりに動く．目や耳はもう少しである．しかしながら，人間みたいに柔軟な処理は無理のようである．たとえば，銀座の交差点において有楽町の駅まで歩かせるのはどうであろうか．脚や腕，目や耳を協調的に動かさねばならないので多分無理であろう．ロボットが歩けるようにするには，かなり歩道等の環境を整備しなければならないようである．

　とはいうものの，それなりに歩けるようになったのは事実である．外見も人間に似てきたし腕や脚も一応動くし目や耳もある程度のレベルに達している．

とすれば，最後に残っているのはこころということになるのだが，最近のロボットにこころはあるのだろうか．SFのロボットは人間みたいにこころを持っているが，ロボットにこころを持たせることは可能であろうか．

　ところで，ロボットがこころを持つとはどのようなことであろうか．こころを持つロボットとは，ことばを話すことができ，感情や意識を持っているようなロボットのことである．果たしてこのようなことが可能であろうか．もっとも，ロボットに感情は必要ないという人もいる．ロボットは，あくまでも機械であり人間が指示した作業を行えばよいとすれば，ロボットに感情などはいらないし，むしろないほうが良いであろう．SF小説のように，ロボットの反乱が起こっても困るであろう．

　ロボットにこころを持たせることに関しては，人工知能，哲学等の分野で，長い間議論されてきている．この手の議論は，ロボットにこころを持たせるというよりも，機械にこころを持たせるのが可能であるかという議論のほうが多い．可能であるという人もいるし，絶対不可能であるという人もいる．賛否両論あり，未だ決着はついていない．

　本書の題は「ロボットのこころ」であるが，本書では，ロボットにこころを持たせるにはどのような構造にすべきであるか，どのようにすればロボットにこころを持たせられるかに焦点をあわせて議論する．すなわち，ロボットのこころを工学的に実現することを目標とし，そのための基礎的な議論をする．

　こころの人工的な実現というと，それを前世紀から研究してきているのが，人工知能である．読者の中には，こころと知能は別だと考える人もいよう．日本語では，こころと知能は少し意味合いが異なる．しかし，英語ではmindとintelligenceは，それほど違わないらしい．英語のmindは知的な意味があるらしいのである．

　人工知能（Artificial Intelligence）の研究は，前世紀の半ばに始まったが，最初は，人間の知能をコンピュータ（計算機）で実現できると人工知能研究者は考えていた．こう書くと読者の中にはあれ？と思われる人もいようかと思う．人工知能（AI）は，映画でもロボットではなかったか？ロボット以外での人工知能って，何なの？と．

　当時は，人間の知能の本質は記号処理であると考えられていた．現在でも，多くの人工知能研究者はそう思っている．この考えを記号主義という．人間の

こころや知能の本質が記号処理であれば，人工的に知能を実現するのは，別にロボットでなくても良い．コンピュータで人工的に知能を実現できるであろう．これに対して人間の知能の模倣は，その知能を実現している脳をコンピュータで実現できれば可能であると考える人々がいる．この主義は，脳は神経回路網の結合から構成されていることから，その結合，すなわちコネクションから，コネクショニズムと呼ばれる．確かに，脳の神経回路網をコンピュータのソフトウエアで模倣すれば，人間の知能を模倣できるように思われる．

　記号主義とコネクショニズムのたとえであるが，空を飛ぶのを，鳥を模倣することで実現しようとするのがコネクショニズムで，鳥とは飛び方が異なるが鳥より速く飛べる飛行機を作ろうとするのが記号主義であるというたとえ話がある．しかしながら，このたとえはどこまで有効であろうか．飛ぶということは，知能に比べてかなり具体的で簡単な機能であろうと思われるからである．知能といえば，言語，知覚，推論，適応，学習，思考，といろいろある．どれが重要な知能で，どれが重要でない知能なのであろうか．ひとによって，種々の意見があり，統一的な見解はない．同様に，こころというと連想されるのは，意識とか，感情とか，感覚とか，思考とか，言語とか…いろいろある．

　さて，これらのすべてを実現しようとすると，あれもこれもとなってしまって非常に困難になってしまう．また，議論も散漫になろうし，具体的な検討ができにくいと思われる．どれが実現されれば，ロボットがこころや知能を持っていると思えるであろうか．感情であろうか，感覚であろうか，意識であろうか，言語であろうか．工学的に考えると，ことばを話せるロボットが一番有用であろう．

　そこで，本書では，知能全般を実現するということではなく，知能のなかでもっとも重要であると思われる言語機能の実現を検討する．もちろん，感情や意識やその他のこころ（知能）の機能は，相互に関連があって，言語だけを独立に扱うことは不可能である．言語に焦点をあてて議論するということである．コンピュータで日本語等のことばを処理させる自然言語処理（理解）という研究分野があるが，構文処理まではコンピュータはこなすが，意味処理になるとコンピュータの処理はいまだ不十分である．人間並にことばを処理することはできない．

　現在でも，限られた範囲であればコンピュータは人間と対話できる．それは，

そのコンピュータの対話用ソフトウエアの設計者が想定した状況の範囲内で，コンピュータは人間と対話可能である．しかしながら，設計者の想定した状況をはずれれば対話可能ではない．また，コンピュータが人間のように自律的に話し出すということはない．

　筆者は，ここ数年，コンピュータにことばを自律的に話させるには，どうすればよいかを考えてきた．単に話すのではなく，人間のように自律的に理解して話すのである．ことばの自律的な理解とは，辞書に書いてあることばの定義のような知識に基づく客観的な理解ではなく，そのロボットが置かれた状況での主観的な了解（理解）である．したがって，この理解は正しいとか正しくないとかの議論の対象にはなりにくいものであり，極論すれば，そのロボットが勝手に納得してさえすればよいようなものである．われわれ人間でも，このようなことはよくあるのではないだろうか．議論をしているときに，ことばが飛び交っているのであるが，その議論に参加している各人がどのように納得（理解）しているかは他人には知る由も無い．

　人間並を目指すのであれば，人間がどのようにことばを理解しているかを分析する必要がある．人間は，ことばを理解するときに基本的にイメージを用いている．もちろん，イメージを用いない場合もある．毎日繰り返されるような会話の時にはイメージは用いないであろう．しかし，少し新しい状況での会話では，ことばを理解するのにイメージを用いている．

　さらに，最近の脳科学の実験で明らかになったのであるが，イメージは仮想的な身体運動なのである．したがって，人間はことばを理解するとき，基本的に身体を仮想的に動かしているのである．別のいい方をすれば，人間は言語処理のために，身体運動のための感覚運動の神経回路網を（仮想的に）動かしているのである．

　この事実に注目すれば，機械（ロボットやコンピュータ）が，人間のように，ことばを理解するには，その機械は仮想的に身体を動かさねばならないことになる．とすると，身体のないコンピュータは人間のようにことばを理解できないことになる．

　筆者が過去，学会で「コンピュータには身体がない．」と述べたときに，「インターネットがコンピュータの身体である．」もしくは，「キーボードやマウスやディスプレイがコンピュータの身体である．」と反論されたことがある．しか

し，これは少し無理があるのではないであろうか．百歩譲って，それらをコンピュータの身体と認めても，あまりにも人間の身体とは違うし，またあまりにも貧弱である．やはり，普通の感覚では現在のコンピュータは身体がないといってよいと思う．この問題は後述するので，この辺でやめておく．

　そこで，人間のようにことばを理解する機械はロボットにならざるを得ないのである．そしてそのようなロボットは，言語処理のために感覚運動回路（プログラム）をも動かさねばならないのである．ロボットがことばを理解するための構造であるが，それは次のようになる．

　言語処理回路（プログラム）は，イメージ生成のために，感覚運動回路（プログラム）を流用せねばならない．別のいい方をすれば，言語処理回路（プログラム）は感覚運動回路（プログラム）を部分として含まねばならない．

　このような構造を身体性構造と呼ぶ．この構造は，ロボットの新しい構造（原理）であり，従来のロボットの構造とは大きく異なる．従来の主流のロボットの構造は直列であるか，並列であるかのどちらかである．

　現状のロボットは，センサーとモータをあわせてだいたい数10個搭載している．人間の場合は，センサー（感覚器）とモータ（運動機構）をあわせると，非常に多い．より具体的には，人間の運動機構は100から200個程度であり，人間の感覚器は視覚，聴覚，嗅覚，触覚等を合わせると数万になる．したがって，現在のロボット技術では，本書で提示した構造に基づく言語処理を，ロボットに実装することはできても，あまりたいしたことはできそうにない．ロボットがことばを話し，こころを持つようになることは基本的に可能であるが，実現はかなり先の話であろう．筆者は，もはや生きていないであろう．そこで現在のコンピュータで，どこまでロボットの言語機能に迫ることができるかをも述べたい．

　想定した読者は，大学生，研究者，ロボットに興味をもつ一般の人である．「ロボット」というと，理科系，工学系であるが，「こころ」というと，文科系である．おもに理工系の読者を想定して，哲学，心理学，言語学等については，少し初歩的な事項も説明した．文科系の読者で，それらについてご存知の人には，余計であるかもしれないので飛ばして読んでいただきたい．

　本書の構成は以下のようになる．最初に，1章でロボットについて簡単に触れる．そして，2章で，人工知能について簡単に説明する．記号主義とコネクショニズムにふれ，人工知能不可能論者の意見も簡単に見る．3章では，こころについて考える．議論は哲学的なものになるが，こころというものがあいまいで，取り扱うのがかなり大変であるということをご理解いただければと思う．もし，ロボットにことばを話させることにのみ興味がある人は，この章を飛ばしていただくか，飛ばし読みをしていただければと思う．ロボットにこころを持たせるのであるが，4章では，本書で焦点を当てるこころ（知能）の機能であることばを人間がどのように理解しているかを考察する．その結果，ことばを理解するにはイメージが重要であることを指摘する．5章では，仮想的身体運動である想像について議論する．その議論に基づいて，6章では，ロボットにことばを話させるための基本的な事項について述べる．身体性構造と身体性人工知能を提示する．7章では，抽象的な議論をロボットが行えるための機構について述べる．それは，メタファーに基づく人工知能になる．8章では，意識等のこころの機能をロボットに持たせるには，ロボットの集団が必要なのではないかということを述べる．9章では，現在のコンピュータで，どこまでロボットの言語機能に迫れるかを議論する．また，記号主義とコネクショニズムについても身体性人工知能の観点から再考する．

　用語であるが，イメージに類似したことばとして，心的イメージ，心的表象，表象，心的状態等がある．これらを区別できるという人が中にいるかもしれないが，筆者には無理である．本書では，これらのことばを代表してイメージということばを用いる．したがって，読者の中には，イメージを広義に用いているという感じを持たれる方もいようかと思う．表象や心的状態の代わりにイメージということばを用いる理由は，後述するが，イメージが基本的に仮想的身体運動であるので「測定可能」だからである．すなわち，イメージは他の用語にくらべて可視的だからである．

　　2002年9月　　　　　　　　　　　　　　　　　　　　　著　者

目　　　次

1 ロボットについて

この章では，［溝口 01］に基づいて，ロボットについて簡単に述べる.

 1.1 ロボットの歴史

ロボットということばが最初に現れたのは，チェコを代表する作家カレル・チャペック（1890－1938）の，「ロボット」［Capek 20］である. その語源はチェコ語の robota で，これは，賦役，強制労働を意味する.

ロボットの歴史を簡単にみると，以下のようになる［Asahi 01］［松原 99］.

1920 年　チャペックが戯曲 "R.U.R." で初めて「ロボット」という語を用いる.

1944 年　英のチューリングが「コロッサス」開発. 最初期のコンピュータ.

1950 年　アシモフが SF「われはロボット」を著す. 人を傷つけないなどロボット 3 原則を提示.

1951 年　手塚治虫が漫画「アトム大使」（後の鉄腕アトム）の連載開始.

1956 年　米のマッカーシーが「人工知能（AI）」提唱.

1962 年　米で世界初の産業用ロボット「ユニメート」「バーサトラン」を発表.

1968 年　映画「2001 年宇宙の旅」に感情を持つコンピュータ「HAL」登場.

1969 年　川崎重工が日本初の産業用ロボット「国産ユニメート」を発表.

1977 年　映画「スターウォーズ」に「C–3PO」「R2–D2」が登場.

1979 年　水平に精密な動きをする産業用「スカラロボット」誕生.

1985 年　「科学万博」で早大の歩行ロボットが話題になる.

1991 年　米でブルックスの理論（包摂構造）をもとに虫ロボットを発表.

1996 年　ホンダが 2 足歩行ロボット「P2」を発表.

1997 年　チェスの世界チャンピオンが IBM のコンピュータ「ディープブルー」に敗れる.

1999 年　ソニーが 4 足ロボット「AIBO」を発売.

1.2 産業用ロボットから知能ロボットへ

　ロボットというと，ひと昔前までは，自動車工場などの組み立て加工ライン
で，塗装とか，溶接とかを行うような機械のことを意味した．それらのロボッ
トは，朝から晩まで，塗装なら塗装，溶接なら溶接を，長時間に渡って，何度
となく繰り返し作業を行う．そして，人間よりは精度良く行う．しかしながら，
外見は，腕のような物の先に塗装用や溶接用の道具がついているような機械で
ある．ロボットというよりは，自動の（もしくは無人の）マジックハンド，ク
レーン，自動搬送機といったほうが適切である．

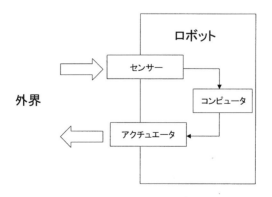

図 1-1　産業用ロボット

　ロボットの研究は，人間の腕や，脚の機構を機械的に実現し，人間と同様に歩いたり，動いたりすることを目指して来た．また，視覚，聴覚，触覚を機械的に実現するという研究が行われてきた．

　ロボットへの指示という観点から見ると，数値で指示するのではなく，数値以外の，たとえば，ことばで指示するという，ことを目指して研究が行われて来ている．また，ロボットに，完全なもしくは詳細な指示を出すのではなく，不完全なもしくは概略の指示を出すだけで，ロボットが動くということも，研究されて来た．すなわち，完全制御から自律へという流れがある．

　知能ロボットの伝統的な考えは，知能というものは，記号処理であり，記号は，文字等の表象である．したがって，知能は，表象の処理として実現される，というものである．伝統的な構成では，知覚，認識，計画，行動と処理が直列に実行される．図 1-2 を参照．

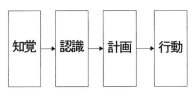

図 1-2　伝統的な構成

1.3　刺激反射行動型ロボット

　しかし，図 1-2 のような 知覚 → 認識 → 計画 → 行動 という枠組みに限界があるとして，10 年ほど前に，包摂構造（Subsumption Architecture）のロボットが，提案された［Brooks 91a,b］．（図 1-3 を参照．）図 1-3 のような構造を基にしたロボットは，行動型ロボット（Behaviour-based robot）と呼ばれている．包摂構造という表現ではわかりにくいが，これは簡単にいうと，刺激反射行動型ロボットである．すなわち，何か刺激（入力）があると，それに応じていわば反射的に行動をするモジュールが並列にならんでいるような構造のロボットである．図 1-3 の「行動」とは，たとえば，物体を避ける，地図を作る，歩く，物体を同定する，などである．人間でも，身体の各部位が各々，並列に動作している．たとえば人間は，心臓と腕を同時に並列に動かすことができる．人間

は，図 1-2 のように，直列に，各周期ごとに，意識して，最初に心臓を動かして，次に腕を動かして…というようなことはしていない．

ブルックスは，図 1-3 の構造に基づく知性（知能）を Intelligence without representation（表象なき知性）[Brooks 91a]や Intelligence without reason（理性なき知性）[Brooks 91b]と呼んだ[Brooks 99]．図 1-2 でいえば，表象とか理性は，ロボットが，入力を基に認識や計画するときに，記号を計算することを意味する．記号を計算するには，表象が必要であるし，理性も必要である．表象や理性が必要ないということは，刺激反射行動型のロボットであるということである．

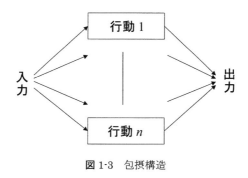

図 1-3 包摂構造

ここで，図 1-3 の構造のロボットを表象なき知性ということに関連して，知性や知能について少し触れておこう．

記号主義者のいうとおりに，われわれ人間が知能の中心的なものと考えているのは，ことばを話したり数式を操作したりすることであろう．だから，このような考え方もそれなりに正しいと思われる．確かに，円周率の計算を，数万桁まで，人間に比べれば非常に短い時間で，正確に，計算するコンピュータは，人間の計算能力をはるかに凌駕していて，知的な存在物であろう．

しかし，コンピュータは人間がデータを用意して，正しく入力しなければならない．少し入力を間違えると，とたんにパソコンが動かなくなるということは，誰しもが経験しているであろう．人間の場合は，少々データが間違っていても，それなりに対応してくれる．もっとも，最近は，そうではなく，コンピュータみたいな人間も増えてきているようであるが．

　コンピュータは，正確にいわれたことは，驚異的な速さで処理するが，少し
でも不正確にいわれると，処理できなくなる．人間は，正確にいわれても，そ
れなりに処理して，少し不正確にいわれても，やはり，それなりに対応する．
すなわち，コンピュータには，決められた手順にしたがって，高速で長時間処
理する能力があるが，自然環境におかれた場合に，柔軟に対応する能力はない．
これに対して，人間には，決められた手順にしたがって，高速で長時間処理す
る能力はないが，自然環境におかれても，柔軟に対応する能力がある．

　手順の決められた作業を長時間繰り返すコンピュータの能力と，自然環境で
柔軟に対応する人間の能力のどちらが，知的なのであろうか．円周率の計算を
数万桁まで短時間で行うことは単純にすごいと思うが，円周率の計算が単純作
業の長時間の繰り返しであるといわれると，あまり知的ではないように思われ
る．しかし，何事もそうであるが，量的変化が質的変化になるのである．伊能
忠敬の日本地図も，単純な計測の繰り返しの成果である．

　単純作業の長時間の繰り返しと，柔軟な対応力のどちらが，知的であろうか．
どちらもできるに越したことはないが．ブルックスは，柔軟な対応力のほうが
知的であると考えた．彼らは，その柔軟な対応力を実現するために，従来の伝
統的な直列処理ではなく，並列処理の構造を採用した．それを包摂構造と呼ん
だ．なぜ，包摂構造，と命名したか，筆者にはよくわからない．

　そして，彼らは包摂構造に基づいて廊下などを動き回れるロボットを作った．
表象なき知性とは，従来の記号処理が，記号すなわち表象を処理することで，
知能を実現しようとしていたことに対して，そのような表象なしでも知能，知
性は作れるということをいいたかったのである．

　包摂構造のロボットでは，昆虫は作れるが，ことばを話すことはできるので
あろうか．表象無しで，ことばは話せるのであろうか．包摂構造で，ことばを
話させることは非常に困難であろう．もしくは，不可能であろう．

　また，蒸し返すようであるが，知的であるということは，どのようなことな
のであろうか．単純作業の繰り返しより，自然環境で柔軟な対応ができるほう
が知的かもしれないが，それだけで知的といえるのであろうか．人間が他の動
物と違って，人間を知的存在と思うのは，道具を使える等のいろいろな理由が
あると思われるが，一番重要なのは，ことばを話せるということであろう．こ

の言語能力は，以前は，人間固有のものと考えられていたが，最近では，人間固有の能力ではなく，類人猿にもそれなりの言語能力があるというと話も聞く．たとえ，その指摘のように，言語能力に関して，人間と類人猿に連続性が認められても，人間が知的であるとされる最大の能力は言語能力であるといって良いであろう．

図 1-2 のような従来の伝統的な構造のロボットは，記号処理はそれなりにできたが，自然環境では柔軟に対応できなかった．これに対して，図 1-3 のような包摂構造のロボットは，自然環境ではそれなりに柔軟に対応できるが，記号処理は，不可能である．どっちもどっちである．記号処理と自然環境での柔軟な対応の 2 つともを満たすような構造のロボットが望まれる．

人工知能は，前世紀の半ばから始まったが，そのころ，認知主義という心理学の運動がはやっていた．認知主義は今でもはやっているが．心理学では，その前は，行動主義というのがはやっていた．いまでも行動主義者も多いが．認知主義は基本的に「知能は，記号やことば等の表象の計算である．」ということを主張する．これは人工知能の記号主義や伝統的なロボットの構造に対応する．行動主義は基本的に「こころは，入力（刺激）と出力（反応）で記述すべきである．」ということを主張する．これは，包摂構造に対応する．とすると，ロボットの包摂構造は，ロボットの構造としては，新しいのであるが，心理学の歴史からすると，昔の考えがリバイバルしたといえる．

認知主義は，記号処理が得意で，刺激反射反応が不得意である．これは，伝統的なロボットの構造と同様である．行動主義は，刺激反射反応が得意で，記号処理が不得意である．これは包摂構造と同様である．

1.4 現在のロボット

今までのロボットは，すでに設計者がプログラムしたとおりに動くが，設計者が想定した状況や環境から少しでも外れると，とたんに動かなくなる．特定の環境でのみ動く機械から基本的にどんな環境や状況にも適応して適切に動ける機械が，課題である．

ロボカップ（Robo Cup）という，ロボットがサッカーを行う試みがある［松

原 99]．サッカーでは，誰にパスするかもしくはシュートするかを瞬時で判断しなければならないので，時間が限られている．また，当然であるが，1 人ではサッカーはできないので，協調しなければならない．このロボットサッカーでの研究テーマは，限られた時間で協調して相手ゴールに玉を入れるという目標を達成することである．

　これらのロボットのプログラムは，設計者が，起こりそうなさまざまな状況を想定して，それに対処できるように，あらかじめ実装しておくのではなく，ロボットが，サッカーの試合での経験を通して，自ら学習することによって，獲得することを目標にしている．現在までのロボットサッカーの問題点は，たとえば，球に向かって多くのロボットが集まり，団子状態になることである．この原因は，各々のロボットが自分の身体を知覚できないことにある．ロボットサッカーのロボットのセンサーは，色で球とゴール等を識別している程度なので，高度なことができないのが現状である．今後，改良されてゆくであろう．

　また，現在，ペットロボットがはやっている．犬のまねをしたりしている．

(©2001　Sony Corporation)

図 1-4　ペットロボット

気まぐれでわがままな人間の相手をそれなりにしているが，中の処理はそれほど高度なことはしていないらしいが，外見を工夫することで結構それらしく見えるものらしい．中の処理を知っている人間にいわせると，なぜそんなに機械に感情移入できるのか理解できないということらしい．われわれ人間は，昔，自然現象を擬人的に表現してきた．たとえば，雷を雲の上で鬼が暴れていると．日食を月が太陽を食べていると．また，幼児は，ぬいぐるみや動物に感情移入

する．大人がペットロボットに感情移入するのも，それと根本は同じなのであろう．

 ## 1.5　これからのロボット

　さて，簡単に，現在までのロボットの歴史を見て来たが，歩くことや，動くことが，一応できるようになって来たので，これからは，人間ともっとスムーズに話ができたりするような知的なロボットがほしくなるであろう．そのためには，どうすればよいであろうか．以下に代表的な主張をいくつか列記する．

① 本当に知的なロボットには，こころ，自我，自意識，等が必要である［喜多村 00］．

② 本当に知的な機械には身体が必要である．

③ 本当に知的なロボットの実現のためには，動物みたいに腐る素材で作られていなければならない．

④ 本当に知的なロボットは，アクチュエータとセンサーが分かれてなく，センサー・アクチュエータ一体型であるべきである．

⑤ 本当に知的なロボットは，身体の発達機構を有していなければならない．
　本書と関係があるのは，①と②である．②の身体性であるが，最近のロボット研究では，身体性（Embodied）ということばが目立つようになって来ている［浅田 01］［Pfeifer 99］．

　身体性とは，図 1-1 よりわかる通り，ロボットでいえば，ロボットの（知的）能力がセンサーとアクチュエータに依存しているということである．人間でいえば，知的能力が，センサー（感覚器），アクチュエータ（操作器）に代表される身体に依存しているということである．感覚器を通してしか，外界は知覚されないので，外界の認識がセンサー（感覚器）に大きく依存していることは明白である．たとえば，熱赤外線を見られるかどうか，背中に触覚センサーがあるかどうか，嗅覚センサーがあるかどうか，もっと極端に，視覚センサーがあるかどうかで，そのロボット（人間）にとっての外界，世界は，違う．また，アクチュエータ（操作器）も同様である．足があるかどうか，腕があるかどう

か，首が回せるかどうかで，外界，世界への働きかけが，異なる．知的能力が身体に依存しているという指摘は，古くからあり，もっとも古いと思われるひとつは，ギリシアの哲学者，プロタゴラスの人間尺度論「人間は万物の尺度である．」である．

身体性という観点からすると，最近のロボットが，人間のように歩けるようになったからといっても，モータ，センサーの個数は数十であり，人間にくらべれば，非常に少ない数である．したがって，身体性にもとづく能力に関しては，たとえ，それを考慮するプログラムを実装しても，モータ，センサーの数からして，人間と同等の能力を求めるのは不可能であろう．

2 人工知能について

　人工知能ということばは，魅力的な響きをもつ．少なくとも，筆者にはそうである．似たことばに，人工頭脳ということばがあるが，それは，どちらかといえば，物理的な感じがする．中国では，コンピュータのことを電脳というらしいが，人工頭脳に近い感じがする．昔読んだ SF で，人工の脳が液体に浸かっていて，そこから，多くの配線が出ていて，その脳が人間と会話をしているという場面を思い出した．人工知能は，人工頭脳に比べれば，もう少しソフトな感じがする．人工知能を強いて定義すれば，コンピュータのソフトウエアによる人間の知能の模倣であろうか．しかし，実際の研究を見てみると，データマイニング，エージェント，自然言語処理…と非常に広い．

　ところで，数学の定義は何かというときに，数学者が行っている研究のことであるといった人がいる．それでは，数学者とは何か？数学者は自分で数学者と思っている人，とその人はいった．これを聞いて，筆者はなるほどと思ったことがある．

　同様に，人工知能は，人工知能研究者が行っている研究のこと，人工知能研究者とは，自分で人工知能研究者と思っている人のこと，となる．まあ，こんなことをいくらやっていてもしようがない．

　人工知能を現代の錬金術という人もいる．錬金術とは，中世のヨーロッパにおいて，いろいろな化学反応で金を作ろうとした話である．その後，化学が

あきらかしたように，そのようなことは不可能である．人工知能も，錬金術と同じように，できもしない夢を追いかけているといいたいのであろう．

確かに，そのような面が人工知能にあるかもしれない．あるものが知的であるかどうかは，見る人によって異なる．あるものが，筆者には知的に見えても，それが，別の人に知的に見えないかもしれない．

コンピュータが生まれたころは，コンピュータが計算をすることがそのまま知的なことであった．円周率の計算を，数万桁まで人間に比べれば非常に短い時間で，計算するコンピュータは，人間の計算能力をはるかに凌駕していて，知的な存在物であった．その後，コンピュータがどのように計算するかが世の中の人々に知れるようになった．中のからくりがわかってしまえば，知的に見えなくなるであろう．また，コンピュータに人々が慣れてしまった．慣れてしまうと，知的でなくなるのである．今，コンピュータによる円周率の計算を知的であると思う人がどのくらいいるであろうか．昔に比べれば，かなり少ないであろう．

同様に，昔，電話やテレビが最初に世に出たときには，それは魔術であったかもしれない．しかし，今の日本で電話やテレビを魔術と思う人はいないであろう．からくりがある程度わかってしまったし人が慣れてしまったからである．

このように，「知的」は歴史相対的，もしくは文化相対的である．人工知能として研究しているものが，からくりがある程度わかり，人工知能とは別のもっと学問的な名前がつくと，それは人工知能ではなくなる．したがって，人工知能とは，つねに，からくりが不明な，最前線のことがらだけを指すように運命づけられているという側面をもつのである．

今，流行っているペットロボットも，数年後に中のからくりが広く知られてしまうと，今のように，感情移入できなくなって，かわいいとは思えなくなるのかもしれない．

2.1 知能は記号処理か？ 記号主義

人工知能の研究者には，こころは記号を計算する機械である，と考えている人が多い．これは，人工知能ばかりでなく，心理学の研究者にも多い．

2.1.1 こころは記号を計算する機械？

たとえば，[西川 01] は「心はコンピューター心は記号を計算する機械である－」で，以下のように述べている．記号主義の端的な説明なので，引用する．

> 本論は，「心とは何か」をめぐる論点への現在の学問のフロンティアにおける典型的な回答例の 1 つを紹介することを目的とする．その際の基本概念は，数字や文字に代表される「記号系」とこれらの記号どうしを結びつける「操作ならびにその際の規則，ルール」のセット，そして操作の具体的な内容である「計算」である．論点への歴史上の過去からの流れを引き継ぐ正統派を自認するこの学問分野は，現在「認知科学（心の科学）」とよばれるようになった．そしてこの分野の多くの研究者によって共有される「心」の定義は，次のような主張に要約される．
> すなわち，「心」とは，「記号」を「計算」する「機械」（一般的には，オートマトンとよばれるシステム[その論理的原型としてのチューリングマシン]，あるいはその具体形である現在のコンピュータ）である．

これに続く内容を概観すると，まず，こころとは知を実現するシステムである，と定義して，そのシステムがオートマトンになることを述べている．そして，こころがコンピュータである，ということを，デカルトやホッブスを引き合いに出しながら，述べている．

このように，こころは記号を計算する機械であるという考えの歴史的背景には，西欧の哲学思想の主流の主知主義がある．主知主義とは，人間の知性や知性的なものを尊重する主義をいい，代表的な哲学者に，ギリシアのプラトン，近世のホッブス，デカルト等がいる．

たとえば，デカルトは，世界を精神と物体の 2 つの実体に分け，この 2 つを峻別する．そして，精神の本質を思惟であるとし，物体の本質を延長であるとする．そして，有名な「われ思う，ゆえに，われあり．」を哲学の第 1 原理として，提示する．思惟が，すべてに優先するのである．

しかしながら，精神である人間は，物体である身体を持っている．ここに，心身問題が出現する．すなわち，まったく異なる実体である物体と精神がなぜ，人間では，有機的に統合されているのであろうか．デカルトは，この回答を神に求める．神のおかげで，人間では，精神（こころ）と物体（身体）がうまく結び付いているのである．このような神による回答に満足される読者はいない

と思うが.

　デカルトは，人間以外の動物は，すべて機械とみなす．犬も，猫も，機械である．ここでいう機械とは，何であろうか．当時は，電子コンピュータはないし，テレビも自動車もない．当時の代表的な機械は時計である.

　このように，デカルトの，精神と物体かの極端な2分法により，世界は，精神か物体に分類される．その結果，生命の存在領域は，消滅する．生きているものが安住する場所は無くなるのである[梅原73]．デカルトの「人間の身体は機械である」は，さらに，ラ・メトリーの「人間機械論」でさらに徹底される.

　生命の存在場所が無くなってしまったが，それは，21世紀の現代でも，精神と物体のあいだをさまよっているようである．生命とは何であるか？これと逆の問題は，死とは何であるか？これは，脳死問題である．人間の死を何で判断するか？少々脇道にそれた.

　記号主義には，上記のような思想的な背景のもとに，人間が行っている認知，記憶，学習，思考といった心理的活動を記号の計算とみなすことができるという考え方に基づいている．実際の記号主義人工知能は，数式処理や，類推，帰納といった高次の推論などの，記号を用いて明確に記述できる処理に関しては，成功を納めた．なお，類推とは，類似性をもとにあることがらから他のことがらへ推理を及ぼすことである．（例：原子の構造を太陽系の構造から類推する.）帰納とは，個別の事実から一般的な規則を推論することである．（例：太郎は死ぬ．花子は死ぬ．等から，人は死ぬ，を帰納する.）

　別のいい方をすれば，閉じられた世界では，記号主義はそれなりの成功を納めた．この閉じられた世界は，しばしば，玩具世界（Toyworld）と呼ばれる．しかし，その後，扱う対象を拡大するに従い，記号主義の限界が露呈して来た．以下では記号主義人工知能の代表例を2つ，簡単に紹介する．ひとつは，エキスパートシステムである．もうひとつは常識推論である.

2.1.2　エキスパートシステム

エキスパートシステムは，たとえばAならばBであるの規則をたくさん実装し，熟練者の真似をコンピュータで行おうというものである．熟練者とは，たとえ

ば，医者，弁護士，醸造家等である．これらの熟練者の行動は，いくつかの規則で記述できるとして，多くの規則（ルール）を実装する．ルールの形はいろいろとあるが，たとえば，A かつ B ならば C のような形のものである．A かつ B の部分を条件部と呼び，C の部分を行動部と呼ぶ．具体的なルールとは，たとえば以下のとおりである．（医学に関して素人なので，内容は大目にみていただきたい．）

ルール 1：熱があって，せきをしていれば，風邪である．

ルール 2：熱があって，下痢をしていれば，赤痢である．

ルール 3：熱がなくて，せきをして，レントゲン写真に陰影があれば，肺結核である．

上記のルールは，条件部が症状で行動部が病名という単純なものであるが，実際のルールはもう少し複雑である．さて，このようなルールをたくさん実装して，それに診断結果を入力する．条件部が合致するルールがあるかどうか調べる（図 2-1 のパターンマッチング）．そのようなルールがいくつかあると，その行動部からひとつの行動を選択する（図 2-1 の競合解消）．選択された行動を実行することになる（図 2-1 の実行）．

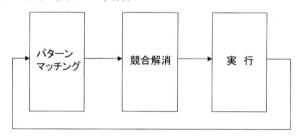

図 2-1 エキスパートシステム

上例で，診断結果が，熱があるならば，ルール 1 とルール 2 が合致する．そして，風邪か赤痢ということになるが，なんらかの競合解消の手法で風邪が選ばれたとすれば，診断結果は，風邪ということになる．競合解消の手法の 1 例として，ルールに確率を付与し，高い確率のルールを選ぶという手法がある．このエキスパートシステムの，パターンマッチング → 競合解消 → 実行という処理の流れは，伝統的なロボットの処理と共通するものである．

エキスパートシステムは一時は大いに研究され，数多くの実用システムが開発された．しかし，熟練者から，規則を獲得するのが困難であるということがわかった．その理由であるが，ひとつは，熟練者が自分が持っている「知識」をことばでうまく表現できないということである．たとえば医者に，「なぜ，この画像を見たときに，肺結核ではなく肺癌だと診断したのか？」と聞いても，明確な答えが帰って来ない場合が多いのである．また，もうひとつは，熟練者が，エキスパートシステムができると，自分の職が無くなるだろうと考えて，非協力的であったということである．

熟練者から規則を獲得する問題を知識獲得問題と呼び，研究が続けられたが，とくに有効な方法もなく現在にいたっている．また，熟練者ではなくデータから規則等の知識を獲得しようという研究も行われている．これは機械学習[Quinlan 93]，データマイニング[月本 99]と呼ばれ，現在，活発に研究されている．

エキスパートシステムの前提には，熟練者の技術や技能を言語的規則の形で表現できるという考えがある．これは，記号主義の「こころは記号を計算する機械である」という考えと同一である．しかしながら，熟練者の技術や技能を言語的規則という形に変換するのは，非常に困難であるか，不可能であると思われている．熟練者の技術や技能はいわゆる暗黙知と呼ばれるものであるが，これに関しては，後述する．

2.1.3 常識推論

われわれは，日常生活の中で，完全な情報が与えられているわけではない．不完全な情報をもとにして推論している．刑事が，いくつかの証拠から犯人を推論する場合などがそうであろう．こうした場合に，われわれは，たぶんこうであろうと常識等を用いて推論する．刑事が，殺害現場である寝室の床に，はさみが不自然に落ちていて，他に凶器らしきものがないときは，そのはさみで殺したと推論するが，これなども常識を使って推論する 1 例といえるであろう．しかし，常識はいつでも正しいというわけではないので，間違った推論をする場合がある．これは読者も体験されたことであろう．常識は悪くいえば既成観念であるから，既成観念にとらわれて真実が見えなかったということもある．

　また，常識推論では，新たな情報が付加されると，今までの推論結果を否定しなければならない．上記の例では，刑事が，現場のとなりの公園の茂みから被害者と同じ血液型の血が付着した出刃包丁が見つかれば,「はさみが凶器である.」という推論を間違っているとして，今度は「出刃包丁が凶器である」と推論するであろう.

　記号主義では，このような推論を論理的に実現しようとする．しかし，この常識による推論を数学で使う論理（これを古典論理という）で表現しようと思ってもできないのである．数学では大体こうである，などといういいかげんな推論は許されない．1 + 1 = 2 はだいたい正しいのではなく，100 パーセント正しいのである．だから，それはだいたい正しいなどという推論は，古典論理ではできない.したがって,古典論理では常識を用いた推論はできないのである.

　数学では，1 度正しいものが，否定されることはない．1 + 1 = 2 は，何か新しい事実が見つかったからといって，1 + 1 = 3 にはならない．永遠に 1 + 1 = 2 は 1 + 1 = 2 なのである.

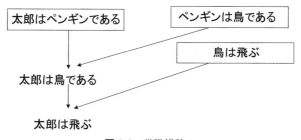

図 2-2　常識推論 1

　有名な例題を図 2-2 に示す．今,以下の 2 個の公理(ルール)があるとしよう.
　　①　ペンギンは鳥である.
　　②　鳥は飛ぶ.
そして以下の 1 つの事実がある.
　　太郎はペンギンである.
　この場合，図 2-2 に示すように，太郎は飛ぶ，というのが結論される．さて,以下の新しい公理（ルール）が見つかったとしよう.
　　③　ペンギンは飛ばない.

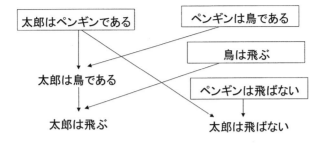

図 2-3　常識推論 2

図 2-3 では,「太郎は飛ぶ」と「太郎は飛ばない」の 2 つの矛盾する結論が出る.
図 2-2 で, 1 度, 正しいとされた結論が図 2-3 で新しい公理（ルール）が追加さ
れることで否定されるのである. 古典論理では, このようなことは許されない.

　数学のための論理である古典論理で常識推論が実現できないので, その古典
論理をいろいろと変更した新しい論理を作り, 常識推論を実現しようとしてい
る. 常識推論も, 人間が日常的に行っている推論を論理学の枠組で形式的に実
現しようとするものであるが, その前提には, 記号主義の「こころは記号を計
算する機械である.」という考えが存在する.

2.1.4　記号主義人工知能の研究について

　今まで述べて来たように, 記号主義は, 人間の知能, 心理的活動を, 記号の
計算として実現しようとしてきた. 常識推論や, エキスパートシステム等の研
究の歴史を見ていると, この考えがあまり有効ではないように思われる. これ
らの研究が成功しないのは, 知識の量が少ないからであると考え, 知識をたく
さん集めて大規模知識ベースを構築することで, 解決しようとした研究もあっ
た[Lenat90]. しかし, 当初の研究目標は, 達成されなかったようであるが, こ
の研究の成果の一部は Yahoo!（Web 上の検索エンジン）に使われているらしい.
人間の知能, 心理的活動を, 記号の計算として実現するのは, 非常に困難であ
るか不可能であるように思われる. なお, 記号主義に対する詳細な批判は, 第
9 章で述べる.

2.2 知能は脳が実現しているか？ コネクショニズム

2.2.1 コネクショニズムとは？

　われわれ人間は，比較的簡単に，人間の顔の識別（認識）を行っている．顔の認識や，声の認識，指紋の認識，情景の認識等を，パターン認識というが，コンピュータは，とくに記号主義の手法は，パターン認識等のパターン処理をうまく処理できない．このパターン処理の方が，記号処理より，人間の知能の本質であると考える人々がいる．

　また，人間の脳の処理方式と現在のコンピュータの処理方式が大きく異なる．現在のコンピュータはノイマン型といわれ，データとプログラムを別々に格納して，プログラムにしたがって必要なデータを取ってきて処理してゆくのであるが，われわれ人間の脳はそのような構造にはなっていない．

　そこで，脳をコンピュータで模倣することで（パターン処理を中心に）知能やこころを模倣しようとする主義がある．これはコネクショニズムと呼ばれる．コネクショニズムのコネクションは神経回路網の「結合」から来ている．

　コネクショニズムは，人間の脳の神経回路網のモデルを用いていろいろな計算を実行することによってこころ（知能）を実現しようとする立場である．ここで注意してもらいたいのであるが，コネクショニズムも記号主義と同様，こころ（知能）は計算によって実現できるという立場を取っている．コネクションを日本語でいうと「結合」なので，コネクショニズムは結合主義と訳されるが，あまり普及していないので，以下ではコネクショニズムという用語を用いる．

　まず最初に，脳の神経細胞（ニューロン）の簡単な説明をしておこう．神経細胞は，細胞体，樹状突起，軸索，シナプス等から構成されているが，各々の役割は以下の通りである．神経細胞の機能図を図 2-4 に示す[合原 88]．

　細胞体：核などが含まれている部分で，情報処理を行う．

　樹状突起：細胞体から伸びだした多数の枝のような部分で，他のニューロン

からの信号を受け取るところ.

軸　索：細胞体から伸びだした，ニューロンの信号の伝送路.

シナプス：他のニューロンに信号を出力する部位.

図 2-4　神経細胞の機能図

　コネクショニズムは，神経細胞（ニューロン）の動きをソフトウエアで模倣し，それをネットワーク状に結合することにより，全体として複雑な機能を有する人工神経回路網（ニューラルネットワーク）を構成することで，人間の知能（こころ）のモデルを作ろうとするものである．人間の脳の神経回路網の処理は，基本的に，並列で，分散なので，コネクショニズムの処理方式も，並列処理や分散処理を特徴としている．これは，記号主義が基本的に，直列処理で集中処理であるということと対照的である.

　人間の脳は右脳と左脳に分かれているが，右脳は直観的な（パターン）処理をして，左脳は論理的な処理をするといわれている．プロの将棋指しの脳はまず，右脳が活性化してから，左脳が活性化するらしいが，これは，まず右脳で，将棋の盤面の状況を直観的に（パターン的に）把握して，次の1手を決めてから，左脳で，その手を打つとどうなるかを論理的に詰めていると，解釈できる．少々比喩的すぎるかも知れないが，記号主義が左脳を重視しているとすれば，コネクショニズムは右脳を重視しているといえるかも知れない.

2.2.2　コネクショニズムの簡単な歴史

　コネクショニズムの考えは，パーセプトロンにさかのぼる．パーセプトロンは神経細胞の簡単なモデルである．3入力のパーセプトロンを図 2-5 に示す.

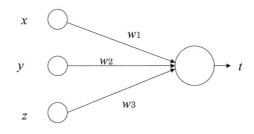

図 2-5 パーセプトロン

図 2-5 の出力 t は以下のとおりである.

$$t = f(w1x + w2y + w3z - h)$$

$w1$, $w2$, $w3$ は重み係数と呼ばれ, h はバイアスと呼ばれる. $f(x)$ は, x が正であれば 1 を, そうでなければ 0 となるような関数である. すなわち, 重み係数と入力を掛け合わせて足したのが, 閾値 h より大きくなれば 1 を出力し, そうでなければ 0 を出力する.

マッカローとピッツは, いろいろな情報処理ができる神経回路モデルを構築した[McCulloch 43]. 彼らのモデルなどを基に, ローゼンブラットが, パーセプトロンを提案した[Rosenblatt 62]. パーセプトロンの出力は連続値ではなく, 0 か 1 の値であった.

ミンスキーとパパートは, パーセプトロンは線形分離可能なパターンの識別しかできないことを示した[Minsky 69]. たとえば排他的論理和であるが, これは, 図 2-6 のような関数である. この排他的論理和では, 00 と 11 というもっとも離れている入力に対して同じ出力を出さねばならない.

x	y	z
0	0	0
0	1	1
1	0	1
1	1	0

図 2-6 排他的論理和

図2-7では，黒丸は出力が1を，白丸は出力が0を，意味する．この図から，簡単にわかるように，黒丸（01と10）と白丸（00と11）を直線で分離することはできない．すなわち，排他的論理和は線形分離できない．したがって，線形分離しかできないパーセプトロンでは排他的論理和は対処できないのである．この欠点のためパーセプトロンの研究はされなくなった．

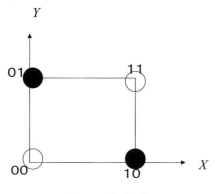

図2-7　線形分離

1986年になって，ラメルハート等がニューラルネットワーク（多層パーセプトロン）の学習手法である誤差逆伝播学習（backpropagation）法を確立した[Rumelhart 86]．この誤差逆伝播法という学習方法により，入力や出力と直接つながっていない中間層をもつニューラルネットワーク（多層パーセプトロン）（図2-8参照）の学習が可能になり，排他的論理和のような非線形パターンが分離できるようになった．誤差逆伝播法は，ニューラルネットワークの学習に非常に時間がかかったが，コンピュータのハードウエアの進歩により，それほど時間をかけずにできるようにはなった．

ニューラルネットワークのタイプもホップフィールド型，ボルツマン型などいくつかあるが[合原88]，情報処理にもっとも使われているのは3層フィードフォワードニューラルネットワーク（図2-8参照）である．以降では「フィードフォワードニューラルネットワーク」の「フィードフォワード」を簡単のために省略し，「ニューラルネットワーク」とする．このニューラルネットワークの最大の特長は，基本的に，どんな関数でも近似（回帰）できることである．

2.2.3 ニューラルネットワークの学習

　3層のニューラルネットワークの例は図2-8の通りである［月本99］．3層は，左から入力層，中間層，出力層と呼ばれる．中間層は隠れ層ともいう．図 2-8 の場合は，入力層の素子は2個で，中間層の素子は4個で，出力層の素子は1個である．入力層の素子数は，基本的には入力の数である．

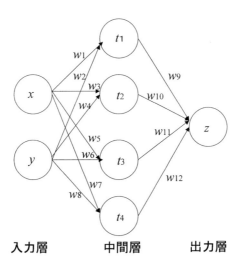

図 2-8　ニューラルネットワーク

各々の素子を式で書くと，

$$t1 = S(w1x + w2y - h1)$$
$$t2 = S(w3x + w4y - h2)$$
$$t3 = S(w5x + w6y - h3)$$
$$t4 = S(w7x + w8y - h4)$$
$$z = S(w9t1 + w10t2 + w11t3 + w12t4 - h5)$$

である．$w1$ は重み係数と呼ばれ，$h1$ はバイアスと呼ばれる．S は出力関数と呼ばれる．いくつかの出力関数があるが，もっとも良く使われるのはシグモイド関数

$$S(x) = 1 / (1 + \exp(-x))$$

である．シグモイド関数は図2-9のような非線形関数である．

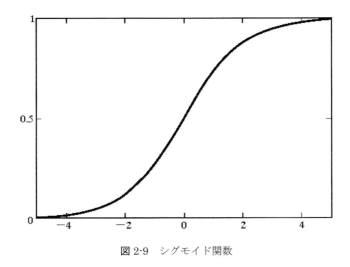

図 2-9 シグモイド関数

　ニューラルネットワークの学習とは，与えられたデータに合うように，すなわち，誤差が小さくなるように，重み係数とバイアスを決めることである．

　ここで，人間の子供の学習を考えてみよう．たとえば，1 人の子供に，1000枚の男性の写真を見せて，「おにいさん」か「おじさん」かを正しく識別できるように，教師が教えることを考えてみよう．最初の写真が，おじさんであったとしよう．その子供が「おじさん」と答えれば，正解なのでそれでよいが，「おにいさん」と答えると，間違いなので，「これは，おじさんですよ.」とその子供に教えてあげることにする．これと同様のことを，残りの 999 枚の写真に対しても行う．人間の子供の場合には，途中で，「なぜ，これがおじさんなの？」とか,「なぜ, これがおにいさんなのとか？」と聞くであろう.そう聞かれれば，その教師は「髪が薄いからおじさんなの.」とか，「肌のつやがないからおじさんなの.」とか，答えるかもしれない．しかしながら，なかには，「理屈はない.それはおじさんなのだ.」という教師もいよう．ここでは，このような教師，すなわち，いちいち理由を説明しないで，その写真がおじさんかおにいさんかだけを教える教師であるとしよう．

　そして，学習の手順は以下のようなものであるとしよう．最初に，1000 枚見せられたときに，子供がすべて正解すれば，その学習はおしまいである．もし，

間違いがあれば, もう1度1000枚の写真を見せて, おにいさんかおじさんかを答えさせる. 2度目の正答率は, 1度目での間違いの記憶があるので, 普通は, 1度目よりは良いであろう. もちろん, 1度目では正解したけど, 2度目で間違えるということもあるであろう. もし, 2度目で, すべて正解すれば, 学習は終了である. 間違えれば, 3度目を行う. そのこどもがすべて正解するまで, これを繰り返す.

　ニューラルネットワークの学習は, 上記の子供のような学習である. おにいさんとおじさんの顔を見分けるニューラルネットワークを作ることを考えよう. ニューラルネットワークの入力は, 顔の写真である. 顔の写真をニューラルネットワークに入力するときは, 写真を, 縦と横に適当に分割して入力する. たとえば, 縦横各々10分割にするとしよう. そうすると, 1枚の写真は合計100個に分割されて入力される. この場合には, 入力は100個なので, ニューラルネットワークの入力層の素子の数は100個になる. 図2-10を参照. なお, 中間素子の数は適当に決める. この場合は120個である. 話を簡単にするために, 写真を白黒写真としよう. そうすると, 入力層の素子に入力されるのは, 白黒の度合のようなものである.

　ニューラルネットワークの出力は, 「おにいさん」か「おじさん」である. 顔の写真を1000枚用意して, それを1枚ずつ見せてゆく. そして, ニューラルネットワークは, 「おじさん」か「おにいさん」を出力する. とはいっても, ニューラルネットワークは, 「おじさん」とか「おにいさん」とはいえないので, おじさんの時には1を出力し, おにいさんの時には0を出力すると, あらかじめ決めておく. ニューラルネットワークが「おじさん」か「おにいさん」を出力した後, その顔の写真がおにいさんかおじさんかをニューラルネットワークに教えねばならないが, これが教師信号である.

　おにいさん (0) の写真のときに, ニューラルネットワークが, おじさん (1) と間違って出力すれば, 教師信号と出力の間の誤差は1になる. たとえば, 1000枚中300枚間違えたとすれば, 誤差は300になる. この誤差に基づいてニューラルネットワークの重み係数とバイアスを修正する. 1000枚見せ終わって, 間違えがなければ, そのニューラルネットワークは完全に正しいので, それで終了である. そうでなければ, もう1度, 最初から1枚ずつ見せてゆく.

　これを，基本的には，ニューラルネットワークが間違えないようになるまで，繰り返してゆく．そうすると最初は，おにいさんをおじさんと間違えたり，おじさんをおにいさんと間違えたりするが，最終的には，ニューラルネットワークは，その 1000 枚の顔の写真を，正しく識別することができる．これが，ニューラルネットワークの学習である．

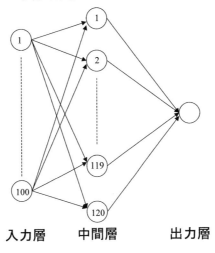

入力層　　　　中間層　　　　出力層

図 2-10　顔を識別するニューラルネットワーク

　上記のようなニューラルネットワークの学習の代表的な方法に誤差逆伝播法という方法があるが，それは最初に重み係数を適当に決め，誤差が小さくなるように重み係数を反復して修正するという方法である．以下の概略手順を示す．

1. 最初に，適当に，重み係数とバイアスを決める．
2. その重み係数とバイアスを用いて，入力データ（図 2-11 では x と y）から出力（z）を計算する．（順方向）
3. 2.で計算された出力（z）と教師信号の差（誤差）を求める．
4. その誤差を小さくするように，出力層から入力層に向かって，各素子の重み係数とバイアスを修正する．（逆方向）
5. 上記 2，3，4 を反復する．

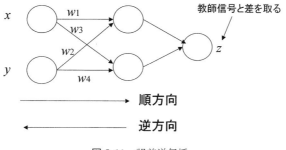

図 2-11　誤差逆伝播

　このように，誤差逆伝播法は同じ処理を反復することによって，教師信号との誤差を減らすべく学習を行う．

2.2.4　ニューラルネットワークの応用例

　今まで述べてきたコネクショニズムの説明は，中の構造の話ばかりであった．これに対して，記号主義の説明のときには，機能の話が中心であり，その機能がどのような構造で実現されるかには触れなかった．この理由は，コネクショニズムが何か具体的な知能の機能を実現しようとしているのではなく，まずは脳の神経回路網のモデルを作ろうとしていることにある．

　ニューラルネットワークは，多くのことがらに適用されている．パターン認識，時系列予測等にも応用されている．パターン認識の例としては，数字の識別，文字の識別，指紋の識別などがある．時系列予測の応用例としては，電力需要予測，株価予測［月本 99］などがある．また，神経科学や認知心理学等の各種のモデル作成についても使われている．ここでは，1 例だけ簡単に紹介する．

　ニューラルネットワークは，みなさんおなじみの郵便番号の識別に使われている．葉書や手紙の右上に 4 角がならんでいて，そこに数字を書くが，その手書きの数字を 0 から 9 のどの数字であるかを識別するのに，ニューラルネットワークが使われている．この数字の識別は，パターン認識の典型例である．図 2-12 参照．紙数の関係で，その他の紹介は行わないので，他書をご覧いただきたい．

図 2-12　郵便番号

　それでは，記号主義のところで簡単に述べた，エキスパートシステムと常識
推論であるが，このような記号処理のニューラルネットワークによる実現はど
うなのであろうか．ニューラルネットワークを用いたエキスパートシステムは
存在する．とくに，入力が画像や時系列信号のようなパターンの場合には，ニ
ューラルネットワークは不可欠である．常識推論の方であるが，ニューラルネ
ットワークを用いた常識推論は，筆者らが研究しているが［月本 02］，それ以外
は筆者が寡聞にしてか知らない．

　また，代表的な記号処理である論理処理や自然言語処理へのニューラルネッ
トワークによる実現はどうなのであろうか．論理処理をニューラルネットワー
クで実現しようという研究は，古くから行われている．命題論理は，ニューラ
ルネットワークで問題なく処理できるが，述語に関しては，簡単ではない．そ
こで，ニューラルネットワークに各種の構造を導入して，実現しようとしてい
るが，述語処理が有する無限回の代入が基本的に不可能であるという問題等が
ある．自然言語処理をニューラルネットワークで実現しようという研究も古く
からあり，ニューラルネットワークの構造を，再帰型（リカレント）［信原 00］
にすることで，構文処理を行おうとしていて，ある程度までは成功している．

2.2.5　コネクショニズムの問題

　ここでは，コネクショニズムの問題について簡単に述べる．なお，以下では
おもにフィードフォワードニューラルネットワークを念頭に置いている．

① 脳の神経回路網のモデルとしてのニューラルネットワークの問題

ニューラルネットワークは，脳の神経回路網をあまりにも単純化していて，実際の脳の神経回路網のモデルと呼んで良いかどうか疑問である．たとえば，実際の脳の信号はパルスであるが，上記のニューラルネットワークの信号は連続である，という違いもある．また学習方法であるが，もっとも良く使われているのは，誤差逆伝播法であるが，これは人間の神経回路網の学習方法とは大きく異なっている．人間も，自分自身の出力と教師信号との誤差に基づいて，学習はしているであろうが，出力層から入力層に向かって，誤差が小さくなるようには，神経回路網の結合を変化させてはいない．

② 工学的な問題

- ニューラルネットワークは，中が暗箱で，何を学習したかがわからないという問題がある．現在，いくつかの手法が提案され，基本的に解決されつつある[Tsukimoto 00]．
- 学習の高速化の手法がいくつか提案されているが，やはりまだかなり時間がかかるのが実状である．
- 最適な解を見つけるのが困難であるという問題がある．確率的探索手法により，改良は可能である．

③ 記号処理を行う上での問題

- 記号処理に関して，原理的に無限回が可能でなければならない代入ができない．
- 全称記号を用いた述語論理式（たとえば，日本語でいえば，すべての人間は死ぬ）が表現できない．
- 多くの自然言語の構文処理の方式がニューラルネットワークの非線形回帰能力に頼っていて，人間の処理方式とは違う．

②と③の問題は少々専門的になるので，第9章で後述する．ここでは次章以降に関係のあるところに絞って，簡単に述べたい．コネクショニズムに対する批判を要約すると，以下の2点になる．

A．ニューラルネットワークが神経回路網のモデルであるからといって，ニューラルネットワークが脳のモデルになるわけではない．

　ニューラルネットワークに構造を入れて，高度な認知モデルが構成できたから，ニューラルネットワークは脳のモデルである，と主張する人がいる．本当にそうであろうか．そのような場合には，その構造が脳のモデルであって，ニューラルネットワークはそのモデルの部品（素材）を提供したにすぎないのではないであろうか．すなわち，その構造の部品（素材）はニューラルネットワークでなくても，何らかの非線形関数であっても良いのではないであろうか．

　粘土で高層ビルの模型（モデル）を作った場合に，素材（部品）である粘土を，その高層ビルのモデル（模型）ということはない．その高層ビルのモデル（模型）は，粘土で形成された形（構造）のことをいう．

　人間のモデルが人間の集合である社会（世界）のモデルになりうるであろうか．人間のモデルを結合させていろいろの構造をいれることで，人間の集合である社会のモデルを構成できたとしよう．そのときに，その人間のモデルを社会のモデルであるというであろうか．そのようなことはない．その社会のモデルとは，人間のモデルを結合させて，導入された構造のことを指す．

　現在，数10億人の人間で社会（世界）を構成している．現在の人間の脳も，数10億個の神経細胞で脳を構成している．人間のモデルが社会のモデルにそのままではなりえないように，神経回路網のモデルであるニューラルネットワークも，そのままでは，脳のモデルになりうるわけでないのである．ニューラルネットワークが脳の神経回路網のモデルであっても，それが脳全体のモデルになりうるわけではない．脳のモデルとは，ニューラルネットワークに導入された構造のことであり，その部品，素材であるニューラルネットワークのことではない．

B．脳だけで記号処理等の知能を実現しているわけではない．コネクショニズムは，脳だけで知能を実現しているという前提に基づいている．

　コネクショニズムが記号主義より優れているということを示そうとして，記

号処理をニューラルネットワークで分散表現して処理するという研究もなされている．コネクショニストのなかには，人間は記号処理を脳で実行しているので，コンピュータでも記号処理はニューラルネットワークの分散表現処理で行われねばならないと考えて，その実現を試みている者がいる．たとえば，論理記号，論理演算をニューラルネットワークの分散表現と分散処理で実現するような研究を行っている．

　この研究は，記号処理は脳だけで行われている，ということを暗黙に前提としているが，人間は脳だけで記号処理を行っているであろうか．人間は，記号処理を，脳を用いて行っているが，脳だけで行っているのではない．脳は記号処理系の全体ではなく，一部である．記号処理には，脳以外に手や目なども使われ，記号処理は，手と目などを用いた一種の運動として実現されている．たとえば，紙と鉛筆で四則演算を行う場合には，記号は紙の上に，すなわち，脳の外にあり，記号処理は，紙と鉛筆を用いた手の運動として実現される［信原02］．

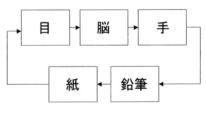

図 2-13　記号処理

　暗算の場合であるが，暗算で加算を行う場合には，たとえば，数字をイメージして，そのイメージされた数字があたかも紙の上に書かれてあるような感じで規則にしたがって処理されてゆく．このような数字をイメージするときには視覚野が動き，規則にしたがって加算するときには運動野などが動くので，暗算は仮想的な運動であるといえる．

　したがって，記号処理全体をニューラルネットワークで分散表現処理しようとする研究は，その基本的な前提に疑問があるといわざるを得ない．

2.2.6 コネクショニズムと記号主義の関係

しばしば記号主義に対峙するものとしてコネクショニズムが取り上げられるが，実際に行われているのは非線形連立方程式によるモデルに基づいている．またほとんどのモデルは非線形回帰モデルである．このモデルは，主に実数を扱うので，実数を扱うことから来る連続性を特徴としている．通常の記号主義が主に離散的な記号を扱うのに対し，コネクショニズムは主に連続値を扱う．記号主義が主に離散的な記号の計算で人工的に知能を実現する立場なのに対して，コネクショニズムは，主に連続的な記号の計算で人工的に知能を実現しようとする立場である．

両者とも，なんらかの計算をコンピュータで行うことによって人工的に知能を実現する，もしくは実現できるという立場を，意識的であろうがなかろうが，前提にしている．このような主義を計算主義という[Pylyshyn 84]，[Fodor 88]．計算主義は人間の知能（こころ）は計算過程であるという立場であり，記号主義はそれが記号の計算過程であるという立場である．計算主義と記号主義の違いは後者が狭義の記号の計算に限定している点である．したがって，両者とも同じ計算主義なので，コネクショニズムを記号主義に対峙するようなものとして峻別する必要はないのではないであろうか．詳細なもしくは技術的な議論は，第9章で後述する．

さらに，筆者が最近の研究で明らかにしたのであるが，ニューラルネットワークは論理命題とみなせるのである[月本 00a][Tsukimoto 01a]．こうなると，コネクショニズムと記号主義の対峙は，さらに弱いものになるであろう．議論はかなり技術的になるので，9章の最後で簡単に説明する．

2.3　人工知能不可能論

人工知能の実現に関しては，昔から多くの議論がなされてきた[Torrance 84][Graubard 92]．記号主義そしてコネクショニズムでは本当の人工知能は実現できないという批判がある．代表的な論客としてはドレイファス[Dreyfus 72]，[Dreyfus 86]，サール[Searle 69][Searle 83]，ウィノグラード[Winograd 86]があ

げられる．彼らの議論の主な論拠は，知能の本質であると考えられる志向性，状況依存性，身体性を現在のコンピュータが有していない，もしくは処理できないということにある．志向性とは，こころ，とくに意識があるものに向けられているという性質のことである．状況依存性とは知能が関心，欲望等の支配下で環境，状況に埋め込まれているので，環境から知能だけを分離することは不可能であるということである．身体性とは知能が身体に依存しているということである．ここでは，状況依存性，身体性について簡単に述べる［月本 01］．志向性に関しては，8 章で述べる．なお，かれらの背景にいる代表的な哲学者は，ハイデッガー［Heidegger 26］，メルロポンティ［Merleau-Ponty 45］，ウィットゲンシュタイン［Wittgenstein 53］である．

2.3.1　状況依存性について

　記号主義，計算主義は，個々の記号の意味もしくは操作が全体から独立に定義でき，全体はその集まりである，という仮定を（暗黙に）前提にしているが，これに対して，そのようなことが不可能ではないかという議論がある．すなわち全体を考慮して始めて意味，操作が可能になるという議論である［Quine 75］．

　また知能においては，個々の表象の操作よりは，状況，背景などの原理的に表象不可能なものが重要な役割を果たしているという議論もある［Winograd 86］．このような議論が依拠する代表的な哲学者はハイデッガーである．ハイデッガーは現存在（ほぼ「人間」と同義である）の存在全容を関心という構造でとらえる［Heidegger 26］．

　　　関心は，根源的構造全体性として，実存論的＝先天的に，現存在のすべての事実としての「態度」や「情勢」の「以前」に，すなわちつねにすでにそれらのなかにあるのです．

　上記はハイデッガーの主著「存在と時間」の中の一文であるが，主張したいことは「人間は，世界に客観的に存在しているのではなく，常になにごとかへの関心の支配下で主観的にしか世の中に住めない．」ということであろう．

　状況依存性は人間が何に焦点をあてているか，何に関心があるかと深く関連する．そしてそれらはその人間の目的，目標，価値と関連があり，そしてそれらはさらにその人間の欲望，欲求と関連してくる．このように考えてくると，

状況依存性は，人間が世界の中でもしくは社会の中で生存（競争）していることに大きく関係してくることがわかる．従来は客観的とみなされる知能もしくは知性がそのような主観的もしくは主体的な欲求と切り離せると考えられてきたが，切り離せないとすると知能を実現するにはそれと切り離せない欲求も実現しなければならなくなる．

　さらに，外界から感覚器官で受容された刺激を人間の精神，こころが加工して概念，意味を作り上げるという理論的枠組自体を否定する議論もある．たとえばアフォーダンス理論がそうであり，上記のような理論的枠組自体を「世界と有機体の間にそもそもの始めから明確な区分がついていて，世界から受け取るものを矮小で不十分なユニットにしておいて，それを意義づける精神という有能なユニットを有機体の内部に想定している」[佐々木 94a]と批判し，「アフォーダンスは動物にとっての環境の性質で，知覚者の主観が構成するものではなく，環境の中に実在する知覚者に価値のある情報である．」と主張する[佐々木 94b]．知能を人間と環境との相互作用で説明するのは有意義なことであり，本書でも，こころを相互作用として，理解，説明する必要性を強調する．

　さらに，状況理論[Barwise 83]というのもあるが，この方法は状況を明示的に記述することによって状況を扱おうするものであるが，記号と存在者の対応で意味を説明しようとする点で従来のモデル論的意味論と同様であり，この枠組で欲求等に基づく状況依存性が処理できるとは思えない．

　状況依存性の主要部分は，環境の中で欲求，目的を有して生きて行く主体である人間が，その欲求や目的を充足するために対象に価値を半ば無意識的に付与する行為に基づいている．そしてその欲求や目的が広義の身体の維持に基づいていることを考えれば，状況依存性の主要部分は身体性と同義になると考えられる．

2.3.2　知能と身体はどのような関係か？

身体に関してはニーチェが以下のようにいっている[Nietzsche 83]．

　　肉体はひとつの大きい理性である．….君が「精神」と名づけている君の小さい理性も，君の肉体の道具なのだ．君の大きい理性の小さい道具であり，玩具である．君はおのれを「我」と呼んで，このことばを誇りにする．しかし，よ

り偉大なものは，君が信じようとしないもの－すなわち君の肉体と，その肉体のもつ大いなる理性なのだ．それは「我」を唱えはしない．「我」を行うのである．感覚と認識，それは決してそれ自体が目的とはならない．だが，感覚と精神は，自分達がいっさいのことの目的だと，君を説得しようとする．それほどにこの両者，感覚と精神は虚栄心と思い上がったうぬぼれに充ちている．だが，感覚と精神は，道具であり，玩具なのだ．

これは理性の身体への従属性をのべている．また身体を通してものを見る行為的直観を提唱した西田幾多郎は以下のようにいう[西田 88]．

　　認識作用というものも，歴史的世界においてのわれわれの歴史的行為であるとするならば，認識作用というものを理解するにも，私のいわゆる歴史的身体というものからでなければならない．…われわれが働くというには，身体を通さなければならない．ここに身体というのは単に生物的身体というものを意味するのではなく，私のいわゆる歴史的身体的なものをいうのである．身体というものは，道具となるのである．しかし，身体というものはわれわれの行動の道具となるのみならず，また足場となるのである．しかのみならず，われわれの行為の方向というものは身体的に定まって来なければならない．…抽象論理の立場から，われわれの行為の方向は定まってこない．

やはり，認識が身体に基づいていることを強調している．そして「受肉した主観」としての身体を強調したメルロポンティは以下のように述べている[Merleau-Ponty 45]．

　　私の身体は私にとって空間の一断片にすぎぬどころか，逆にもし私が身体をもたなければ，私にとって空間なぞ存在せぬことになるであろう．

人間の知性における身体の役割の重視は今世紀になって広く認められるところとなっている．身体が世界の意味の分節を行うのである．簡単な例は以下の通りである．われわれはなぜ前後が理解できるのであろうか．それは前後に身体が非対象であり，基本的に 1 方向（前）しか見られないし，その方向に歩くからである．たとえば全方位に対称な動物，すなわち目等の知覚器官が各方位に均等で，足等の歩行器官も各方位に均等であるような動物を考えてみよう．その動物は前後の意味を理解できないであろう．同様なことは上下にもいえる．上下が意味を持つのは身体が重力を受けているからである．無重力状態で生息する全方位対称の動物に上下は無意味である．同様の指摘を[市川 75]から引用しよう．

じっさいわれわれの視覚が，まったくことなった波長帯の電磁波をとらえ，聴覚がまったくことなった周波数の超音波を感ずるとすれば，われわれにあらわれる世界の姿もまた，いまわれわれが感覚するものとはまったくことなったものとなるだろう．ものの硬さ，柔らかさは，われわれの身体の硬さ，柔らかさと相対的であり，熱さ，冷たさはわれわれの体温と相対的である．

このような事柄はその他種々存在するが，空間的なもしくは物理的な身体が意味を分節するだけではなく，その身体に基づく行為や欲求も世界の意味の分節を行っているのである［Johnson 87］，［尼ヶ崎 90］．

たとえば戸とはなんであろうか．あるものが戸として意味をもつのは，戸の材質とか色とかではない．戸の材質が木であろうが鉄であろうがプラスティックであろうが（通常）固体であれば何でも良い．色も同様である．白だろうが茶色であろうが何でも良い．形も通常は矩形であるが，稀に楕円のものもある．このように材質，色，形等で戸を定義することはできない．あるものが戸かどうかはそのあるものが戸と機能するかどうかであり，戸として機能するかどうかは人間の歩行とそして歩行を規定している身体に関わっている．

人間が高くても2メートル程度の高さの身体を持ち2次元上を水平方向に前進するという行為をするので，ある空間とその空間と隣接する別の空間との交通を制御をするようなものであれば戸として機能し得るのである．そのような戸は飛ぶ鳥には戸でないであろう．飛ぶ鳥には戸も窓もその物理的形態を別にすれば同じであろう．（もっとも，鳥は歩くのでその限りにおいては人間と同じである．）すなわちわれわれの歩行が1枚の板を戸として現出させるのである．

同様なことが欲求についてもいえる．われわれの身体が水を飲料として現出させるのであり，われわれの身体が路傍の木の切株を椅子として現出させるのである．世界はわれわれの身体，およびそれに基づく行為，欲求によって意味付けされてわれわれに立ち現れてくる．

3　こころについて

　前章では，こころや知能をコンピュータで実現しようとして，現在まで，どのような試みがなされてきたかを概観した．記号処理で実現しようとする試みや，脳の神経回路網のモデルを作って実現しようとする試みを簡単に紹介し，これに対する反論も紹介した．本章では，こころについて，いろいろと検討してみたい．

3.1　われわれは心理学者？

3.1.1　他人のこころを読む

　われわれは，他人のこころを読もうとする．たとえば，あまり仲の良くない鈴木さんと田中さんは，お互いのことを考えることが多いであろう．田中さんは「鈴木さんは私のことをどう思っているのだろうか？」と思うし，また，鈴木さんは「田中さんは「私が田中さんのことを嫌っている」と思っている．」と思うであろう．

　このように，人間は他人のこころを読もうとする．デネットは，このような他人のこころを以下のように分類した．

レベル1：私は明日晴れる　と思う

レベル2：私は「あなたが　明日晴れる　と思っている」と思う．

レベル3：私は「あなたが「私が　明日晴れる　と思っている」と思っている」と思う．

レベル2で，はじめて，他人のこころに関する表象（イメージ）を持っているということになる．そもそも，他人のこころは，目に見えないし，他人にこころがあるとするのはどのようなことなのであろうか．他人に，こころがあると考え，そのこころを読む能力があるならば，その人は「心の理論」を持っているという．人間には，基本的にその能力があり，その能力を持っていない子どもは，自閉症児である，という説もある．

それでは，単純な昆虫はレベル1はあるだろうが，レベル2はありそうにもない．犬にはレベル2はありそうに見えるが，レベル3はあるであろうか．猿やチンパンジーは，レベル2はあるだろうが，レベル3は，あるであろうか．デカルトにいわせれば，犬であろうが猿であろうがチンパンジーであろうが，それらは機械でこころを持っていないとして，レベル1と答えるのであろう．現在でも，西欧の学者には，犬にこころはないという学者は多い．

西欧（もしくは西洋）と東洋（とくに日本）を比較すると，人間以外の動物に対する見方が異なる．西欧では，地球上の動物の中で人間だけが偉くて，それ以外の動物は，人間とは比べものにならないくらいレベルが低いという考えが根底にあるように見受けられる．日本では，猿と人間とは結構近い存在として受け入れられていると思う．（日本以外のアジアの多くの地域でもそうかも知れない．）

この違いの背景には，宗教の違いがあると思われる．キリスト教と仏教の違いがあるのであろうか．また，ヨーロッパには，猿は生息していないとのことである．だから猿の生息する日本とは，猿などに対する態度が違うのではないであろうか．もし，ヨーロッパに猿が生息していれば，デカルトも人間以外の動物は，こころの無い機械であるという，主張はしなかったかも知れない．

いずれにしても，人間以外の動物に，こころはあるのかという疑問には現在のところ答えることはできない．しかし，本書では，このような疑問に答えられるためのこころの1測定方式を提案したいと思う．第5章で述べる．

3.1.2 素朴心理学

われわれは，普段の日常会話で，こころについて，語っている.「あの時，彼が，こういったのは，私のことを，憎んでいたからではないか？」．ここで，あなたは，彼のこころを推察しているのである．このように，われわれ人間は，普通の生活をしているときに，他人のこころや気持ちを推察している．日常のことばの中には，多くのこころに関することばが存在する．信じる，楽しい，つまらない，悲しい，希望する，愛する，うらむ，嫉妬する，欲する….このように，われわれは，こころに関する，多くのことばをもっている．これを，素朴心理学という．英語では，folk psychology である．民間心理学，通俗心理学ともいう.

もちろん，素朴心理学は，「学」というほど，確立されたものではない．こころに関するわれわれの常識程度のことである．だから，科学もしくは心理学が発達すると，その常識が否定されるということもありうるであろう．それでは，素朴心理学は，科学的心理学の発達とともに，消える運命なのであろうか．そうだという人がいる．これの有名な論者の 1 人は，チャーチランドである[Churchland 86].

チャーチランドは，素朴心理学は消去されるという主張を行っている．こころは，脳の機能である，脳の所産である．だから，脳の神経科学の研究が進んで，人類が脳のことを理解すれば，もはや，こころに関する素朴心理学は不要になるというのである．素朴心理学はこころに関して語るが，あいまいでいいかげんな記述しかできなくて，およそ心理学と呼ぶに値しないものであり，早く消え去れば良いのである．そして，素朴心理学が消え去ったあとは，神経心理学が，素朴心理学の役割を果たすのである．未来の人類は，「こころ」に関して，神経科学の用語で語るであろう.

しかし，本当にそうであろうか．筆者は，簡単には賛同しかねる．「私は悲しい」という文章を，「私の前頭葉の第 N 領域が活性化している」という文章で置き換えられるであろうか．筆者は，置き換えられないと考える．理由は，こころと脳とは別物だからである．「悲しい」という気持ちと，悲しいときに，活性化する脳の神経回路網の部位とは別物である.

　しかし，置き換えられると考える人もいるというよりも，置き換えるべきだと考える人がいる．置き換えるべきだということは，ひとつの人間観を主張している．人間は，自分の「こころ」を脳の神経回路網に関する用語で語るべきだというのである．これは，ひとつの社会運動である．これと同様にして，まったく反対の立場として，「こころ」を素朴心理学のことばで語るべきであるという人間観もありえる．共産主義対資本主義みたいなものであろうか．

　このように議論してくれば，素朴心理学が消えるかどうかは，将来の世の中がどのようになるかということであろう．これは，文化や教育の問題でもあるし，どのような教育をすべきかは政治や政治権力の問題でもある．

　小学校の国語の作文の授業で，「私は悲しくて涙が出ました．」と書いた生徒が，先生から「これは間違いですよ．こういう昔の間違ったいい方はやめましょうね．「私は，前頭葉の第 N 領域が活性化したので涙が出た．」と書きましょうね．」といわれて修正するのである．そして，その教師は父母との面接で，「お宅の息子さんは，先日の作文の時間に，「悲しくて涙が出る」などという古い迷信に基づいた表現をしていましたが…．」というと，親が「すみません．あの子は，平成時代生まれの祖母が育てましたので，そのような迷信を信じているみたいで…．」と答えるのである．

　今は，無神論はあたりまえであるが，将来，無心論があたりまえになる．今，「神様を信じている．」などというと，「どうしちゃったの？」といわれるであろう．将来，「私，こころが，あると思うの．」等というと，親に，無理矢理，脳神経科（精神科ではなく）の医者に連れて行かれるのかも知れない．

3.2　いろいろなこころ

3.2.1　心理学にはたくさんの学会がある

　われわれが，普段から，こころに関する理論（もどき）を持っていることを，簡単に述べてきたが，ここでは，「こころ」ということばが非常にたくさんの意味を持っていることを見てみよう．

　日本に数学の学会はひとつである．日本数学会である．数学関連の学会とし

ては，他に日本数学教育会，日本応用数理学会があるが．それでは，日本に心
理学会はどのくらいあるのだろうか．インターネットで検索したら，以下のよ
うに約 20 件ヒットした．

日本心理学会　日本教育心理学会　日本臨床心理学会　日本応用心理学会　日
本社会心理学会　日本犯罪心理学会　日本動物心理学会　日本理論心理学会
日本人間性心理学会　日本生理心理学会　産業・組織心理学会　日本催眠医学
心理学会　日本基礎心理学会　日本学生相談学会　日本リハビリテイション心
理学会　日本交通心理学会　日本発達心理学会　日本行動分析学会　日本健康
心理学会　日本性格心理学会　日本感情心理学会　日本臨床動作学会

　筆者は以前にこれを見たとき，なぜこんなに多くの学会が存在するのだろう
かと驚いた．そこで，知合いの心理学者に尋ねてみた．その答えは，「こころの
概念が，みんな違うから一緒に研究できないので，多くの学会が存在するので
ある．」であった．なるほど「こころ」ということばは非常にあいまいで，どの
側面に注目するか，どのように考えるかで，異なるのはやむを得ないかも知れ
ない．

3.2.2　言語で異なる「こころ」

　ところで，いままで，当然のことながら，「こころ」という日本語で述べて来
たが，少し，外国語に目を転じてみよう．こころは英語では，mind である．英
語の mind は，他の言語の「こころ」を意味することばと異なり [Reed 00]，mind
は，intelligence と結構ダブッているらしい．だから，人工的に mind を実現す
ることと，人工的に intelligence を実現することは，ほぼ同じことを意味するら
しい．日本語では，こころと知性（知能）は，ダブッている部分もあるけれど，
やはり違う．「こころ」は漢字では心であり，文字通り，心臓とダブり，知性，
知能とダブる部分ももちろんあるが，まったく同じものとして扱うのには少し
無理がある．しいて，ありかを図示せよといわれれば，知性（知能）は頭で，
こころは，頭から胸にかけての部分になるだろうか．

　友人の 1 人に「こころはどこにあるか？」と聞いたら，彼は腹を指した．筆
者には，そこまで下るとは少し意外であったが，「腹黒いとか，いうではないか

….」といわれ，なるほどと思った．日本語，英語以外では，状況はどうであろうか．ドイツ語，フランス語，ロシア語はどうかというと，その状況は，英語に似ているというよりは，日本語に似ているらしい．「こころ」を意味する語と「知性」を意味する語のずれは，それなりに存在するとのことである．

どうやら日本語が特殊というよりは，英語が特殊らしいのである．しかしながら，英語は現在，国際語であるし，またアメリカ等の英語圏が政治的にも経済的にも，そして学問的（？）にも，優勢であるので，こころを実現するのと知能を実現するのを，それほど分けて議論しないのであろう．

「こころ」は，翻訳可能なのであろうか？厳密には，翻訳不可能なのであろうが，翻訳可能ということにして，やってゆくしかないであろう．

3.2.3　心理学の歴史の概略

以上，述べて来たように，こころは，曖昧で，多くの意味をもつ．それでは，そのこころを研究して来た心理学の歴史を，きわめて簡単に概観してみよう．

心理学と称されるものは，歴史上，古くは，インドの唯識心理学があり，近世のヨーロッパで，ホッブス，ロック[Locke 74]，ヒューム[Hume 88]などの連合心理学などがある．実験を伴った近代科学としての心理学となると，創始者はブントという心理学者になる[高橋 99]．彼は，内観法という実験方法を用いた．それは，実験室で，被験者に，何か刺激を与え，その刺激によってもたらされる反応を，被験者に，報告させるというものである．被験者は，ブントの弟子が多かった．弟子は，ブントの実験の意図を知っていた．したがって，ブントの意向に沿わないようなことを報告すると，ブントの機嫌を損ねるので，なるべく，機嫌を損ねないように，ブントの意向に沿うような報告をした．これでは，実験にならない．これは，極端な場合であるが，被験者は，自分を完全に制御できるであろうか．これは，難しいことである．自分の意識で自分を観察して報告するのである．筆者自身も，脳の非侵襲計測の被験者になったことがあるが，結構むずかしいことである．

そこで，内観を用いずに，心理学の実験をしようということになった．身体への入力と出力（だけ）を用いてこころを記述しようとする行動主義心理学は，そのような，歴史的背景を持っている．しかし，外から客観的に観察できる入

力と出力に限って，こころを記述しようとすると，結局，われわれがこころと
呼ぶところのものの多くが，語れなくなってしまう．実際，入力と出力で語れ
ない，もしくは語りにくい，記憶やイメージというものは，長い期間，行動主
義心理学では，研究テーマとしてはタブーであった．筆者も大学の1年の時に，
一般教養で「心理学」をとろうと思って，1，2回，講義に出たが，心理学の授
業というよりは生理学の授業という感じを受けて，とるのをやめてしまった．
この行動主義心理学で，着実に研究成果を蓄積してきたのは知覚の分野である．
知覚はこころと称されるものの中で1番外側にあり，入力と出力の関係で良く
記述できるからである．

　このような状況に不満を持った研究者が今世紀の中ごろ，認知主義というの
を提唱し始めた．これは，こころをコンピュータでモデル化して，研究しよう
という考えである．こころをコンピュータでモデル化することで，行動主義で
研究できなかった，こころの内面（たとえば，記憶）を研究できるということ
になった．現在では，いろいろな考えを持った研究者がいるが，行動主義者と，
認知主義者が心理学の主流であろうと思われる．上記以外にも，ブントが否定
した無意識を積極的に認めたフロイトが始めた精神分析は，現在でも，こころ
を扱うひとつの重要な手法であり，実際の治療にも使われている．

3.2.4　誰のこころを語るのか

　われわれは，普段こころについて語っている．しかしながら，誰のこころを
語っているのであろうか．普段，誰のこころについて語っているかは別に意識
していない．それで問題はない．しかし，少し詳細にこころについて語ろうと
すると以下のように3つのこころに分けなければならない．

　私のこころは，私にしか理解できない．私のこころの中は，だれも見られな
い．私が今，何を考えているかは，誰もわからない．このように，私のこころ
は特別である．このようなこころを1人称的こころと呼ぶ[渡辺94]．このよう
な1人称的なこころをおもに研究するのは，現象学的心理学等である．

　私と対等な，もしくは同等な存在であるあなたのこころは，私には見えない．
「あなた」と呼ばれた存在物は，それを「あなた」と呼んだ存在物と同じもの，
同種のものである．あなたは私と同じ生を持っていて，私はあなたに感情移入

することができる．私とあなたは外見が同じで，あなたがなぜ嬉しいかは，顔
の表情を見ればわかるし，その嬉しさを共感できる．だから，あなたのこころ
は直接的にはわからないが，間接的には，なんとなくわかる．このようなここ
ろを2人称的こころと呼ぶ．このような2人称的こころを対象とするのが，精
神分析である．

　観察対象を物と見る．他人のこころを，客観的に外から見る．こころを入力
と出力で記述する．このようなこころを3人称的こころと呼ぶ．3人称的ここ
ろを対象にしてきたのが，行動主義心理学である．

　このように，「こころ」は誰のこころを語るかで，異なってくる．

3.2.5　こころをことばでどのように語るのか

こころをことばで語るときに，ことばで語れる限界がある．

①　語れない

　自分自身ですら，自分自身の痛みをことばで語ることができないことがよく
ある．たとえば胃や腸が痛むときに，その痛みをことばで表現できないときが
良くある．また性的快楽も，それをことばで表現するのが困難である．男性の
筆者は，女性の快感をまったくわからないので，聞いてみたが，ことばでは表
現できないとのことである．

②　語れるが主観的のみ

　私が，赤いバラを見たときに，「そのバラは美しい．」といったとしよう．こ
の美しさは，主観的なものであるから，もしあなたが「そのバラは美しくない．」
といったとしても，どっちが正しいのかは決着がつかない．そもそも，正しい
とか，間違っているとかの議論の対象にならない．私は美しいと思っていれば
良いし，あなたは美しくないと思っていれば良いのである．文学的記述に，基
本的に，正誤は存在しないであろう．

　私が，「このバラは赤い」といったときはどうなるであろうか．あなたが，「こ
のバラは青い．」といえば，どちらかが間違っているのだが，あなたが「このバ
ラは赤い．」といったときは，どっちも正しいであろうか．両者が，バラの色を
別の色と見ていても，両者とも赤という場合が存在する．この問題は感覚質の

問題であり，次節で述べる．

③ 客観的に語れるが言語相対的

「彼は，今日，上機嫌である.」という表現は，前項の「美しい」とは違って，それなりに客観的な言明である．なぜならば，彼が笑っていたり，はしゃいでいたりすれば，その言明が正しいことがわかるし，彼が泣いていたり，ぶすっとしていれば，その言明が間違っていることがわかる．しかしながら，この言明は，日本語の表現であり，他の言語に厳密に翻訳できるであろうか．おおよその翻訳は可能であるが，厳密には不可能であろう．こころに関する表現は，ほとんどが比喩である．言語共通な比喩も存在するが，基本的には，言語で異なる．そうすると，同一言語内では，客観的に語れるが，言語をまたいでの客観性は得られない．

そもそも「こころ」ということば自体が日本語であり，このことばが意味するところのものが他の言語，たとえば，英語の mind とは違うというのは，前に述べた通りである．したがって，こころに関して客観的には語れるが，言語相対的な語り方が存在する．

④ 客観的に語れて言語普遍的

行動主義心理学のように，入出力で測定して，こころに関する記述を行えば，言語に依存しないので，言語普遍的に語れる．

上記の分類によれば，1 人称的こころは，語れないこころから，言語普遍的に語れるこころまで，すべてを含む．2 人称的こころは，主観的に語れるこころ以下を含む．3 人称的こころは，厳密には，客観的で言語普遍的に語れるこころのことである．

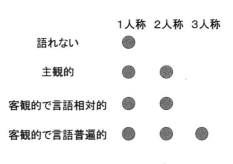

図 3-1 こころの語り方

3.2.6 感覚質

感覚質は英語では qualia なのでクオリアともいう．私の見ている黒は，あなたの黒と同じか？われわれは，同じ色を見ているのであろうか．この世界に，2色しか無いとしよう．たとえば黒と白の2色しかないとしよう．（本当は，黒と赤等の2色にしたいのだが，そうすると，図をカラーにしなければいけないので，黒白印刷で済む黒と白の2色にする．）私が，目の前の黒を「クロ」と呼び，あなたがそれを「クロ」と呼べば，ことばの上では，私もあなたも同じ色を見ていると，一応安心する．

しかし，あなたの目に写っている黒が，私の目に写っている白であって，あなたの目に写っている白が私の目に写っている黒であっても，あなたがその白を「クロ」と呼べば，何の矛盾もなく会話は成立し，おたがい，同じ色を見ているつもりになれる．色とことば（音）の対応ができていれば良いのである．より正確にいえば，色の差とことば（音）の差が対応していれば良いのである．私とあなたは，ことば（音）の違いによってしか，色の違いを確認できない．われわれは，色自体をことばで確認することはできない．私は，あなたの目に写っている黒や白を直接見ることはできない．あなたも同様に，私の目に写っている黒や白を直接見ることはできない．

この辺の事情を，以下の状況で述べてみよう．やはり，話を簡単にするためにこの世界には，黒と白しかないとしよう．母親がこどもに，これはシロですよと教えたとしよう．そのこどもは，母親の目に映っている色を知ることはできない．母親がシロと呼んだ，すなわち，シロという音と対応させた色をシロと呼ぶのだということを学んだだけである．したがって，それ以降，その子どもは，その色を見るたびに「これはシロと呼ぶんだ．」と思うのである．だから，母親がシロと呼んだ色を，そのこどもが，母親がクロというところの色と見ていても，会話上では何の問題も支障も生じない．支障が生じるのは，白と黒の境界線が，両者で異なるときである．そのときは，どちらかが，いわゆる色盲ということになる．

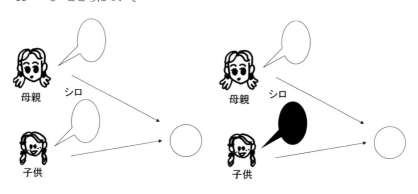

図 3-2　母親と子どもの感覚質が　　　図 3-3　母親と子どもの感覚質が
　　　同じ場合　　　　　　　　　　　　　異なる場合

　この感覚質の問題は哲学の問題であるが，いろいろな意見があり，現在でも
議論されている [柴田 01] [信原 99]．筆者は，ことばで，おたがいが同じ色を見
ているということを確認できないにしても，同じ色を見ているだろうというこ
とを信じている．しかし，これは，言語的に検証できないのであるが．

　また，言語的差異以上のことは，どうでも良いではないかという人もいるよう
が，筆者にとっては，感覚質の問題は重要である．たとえば，色の感覚質であ
るが，黒色と白色がひっくり返っている世界を，元の世界と同じと思えといわ
れても筆者はとてもそれを受け入れられない．

3.2.7　こころの科学的取り扱いについて

　さて，本書では科学的議論を行いたいのであるが，筆者は，こころに関する
議論がすべて科学的に扱えるとは考えていない．音（声）や線画（文字）の差
異の体系であることばでこころを科学的に議論する限界が存在する．科学的に
扱える範囲は，言語的に検証可能もしくは反証可能な範囲（内）である．明ら
かにこころはこの範囲を超えている．

　顕著な例は感覚質である．色自体の識別が言語的に検証（反証）可能の範囲
を超えている．感覚質が，言語的差異以上の差異があるかどうかは，言語では，
検証も反証もできない，すなわち，色の感覚質を科学的には議論できない．し
かし，感覚質が科学的に議論できないからといって，感覚質が言語で議論でき

ないわけではない．言語による議論は科学的議論だけではない．文学的にも，芸術的にも，宗教的にも語りうるのである．こころに関する議論がすべて科学的である必要はない．科学的に語れないものに関しては，その他の語り方で語れば良いのである．

科学的にこころを議論できる範囲は，図 3-1 でいえば，客観的で言語相対的，もしくは客観的で言語普遍的な部分である．科学的ということばを厳密に取れば，客観的で言語普遍的な部分だけであろう．

3.2.8 比喩（メタファー）で語るこころ

今まで，こころをことばで語ることについて述べて来たが，こころを語るには比喩（メタファー）を多用していることを述べたい．

- 私のこころは満たされている．（こころは容器）
- 私は明るい気分になった．（こころは光）
- あなたは，こころの狭い人だ．（こころは空間）
- 私はこころの貧しい男だ．（こころは金）
- 彼は，気分が沈んでいたようである．（こころは重力）

さて，いくつか思いつくままに文章を書いたが，このようにこころを語るときにはメタファーが使われている．もちろん，比喩（メタファー）を用いずに，こころを語ることは可能ではあるが，もし，比喩（メタファー）を用いずに，こころを語るとすれば，かなり限られたことしかいえなくなるであろう．

前章の記号主義のところで，人間機械論に触れたが，これも人間を機械で例えるという比喩（メタファー）である．しかし，人間機械論はそれだけではない．蒸気機関が発明されれば，その蒸気機関に人間を例える人間観が出現する．蒸気機関を基本にしたエネルギー的人間機械論である．19 世紀ヨーロッパでは，人間のこころを，熱力学や電磁気学の比喩で説明しようとする傾向が現れた．たとえば，精神分析学で有名なフロイトは人間のこころ，とくに無意識を，性的エネルギー（リビドー）で説明しようとした．

このように，人間は，人間自身が作り出した最新の機械で人間自身を説明しようとする傾向がある．そして，現代の人間機械論であるが，人間をコンピュ

ータに例える人間機械論がもっとも流行している．こころは記号計算する機械であるという記号主義の考えも，人間機械論の系譜に属すことは明らかであろう．したがって，記号主義自体が，比喩（メタファー）なのである．

このように，われわれは，こころを語るときに比喩を用いざるを得ないのであるが，そうすると比喩で語らざるを得ないこころというものは，そもそも存在するのであろうか？

3.3 こころは存在するか？

3.3.1 客観主義について

今まで，見たように，こころを語ろうとすると，メタファー（比喩）を用いざるを得ない．多くの人間にとっては，これは，面白いことではないであろう．科学的に，厳密に，こころを取り扱いたい，記述したいと思うであろう．筆者も基本的に，同じである．しかしながら，世の中には，いろいろな性格の人がいる．客観主義的な人，主観主義的な人，その中間の人などなど．哲学でも，世界は物であるという唯物論者，世界は観念であるという観念論者がいる．ここで，あなたの「客観主義」度をチェックしてみよう．なお，以下の項目に答えるときに，状況によっては「はい」だし，別の状況の時には「いいえ」である場合が出てくるかもしれない．また，どちらともいえないなあという場合も出てくるかもしれない．そういうときには，こころを語るという状況を想定していただきたい．なお，以下の 10 項目は [Lakoff 80] からの引用である．

1　世界は客観的な物体から成り立ち，それぞれ独自の属性をもっている．
2　知識とは客観的な物体を経験することにより知るものである．
3　物体の理解はカテゴリーと概念に基づいている．
4　客観的な現実が存在し，無条件に真偽をいうことができる．
5　語は固定した意味があり，概念とカテゴリーを表している．
6　人間は客観的であることができる．
7　メタファーを使わずに客観的にものを語ることができる．
8　客観的であることは良いことである．

9　客観的であることは合理的である．

10　主観的であることは危険をはらんでいる．

　さて，あなたは，上の 10 項目のうち，いくつまで，「はい」と答えたであろうか．筆者は 6 個である．1，2，3，8，9，10 に関しては，「はい」である．少々条件をつけるかもしれないが．残りの 4，5，6，7 に関しては，「いいえ」である．少し迷ったのもあるが，「こころを語る」という場面ではどうであろうかと考えた．読者が，どのくらい客観主義者であるかを理解してもらったのであるが，「はい」が 10 個の人は，ばりばりの客観主義者であるので，以下の議論は，主観的なものに思えるであろう．「はい」が 5,6 個の人は，筆者と同じくらいの客観主義者度であるから，以下の議論は，比較的すんなりと受け入れられるであろう．

3.3.2　何が実在か

　私という人間は，目に見えるから実在する．こころは目に見えない．だから，存在しない．このように主張する人もいようかと思う．それでは，日本国は実在するか．この問いにはどのように答えるのであろうか．日本国は存在すると，答えるであろうか．しかし，日本国は目に見えるであろうか．これがそうだと，人工衛星からの写真で日本列島を指さすかも知れないが，それは，日本国ではなく，日本列島である．人工衛星の写真には日本国は写っていない．日本国の国会議事堂，首相官邸を見せられても，それは，あくまでも，建物であり，日本国ではない．

　私に見えるのは，日本列島とか日本人とか，政府の建物である．日本国は，目には見えない．こころが目に見えないから，存在しないというならば，日本国も目に見えないから，存在しないことになってしまう．同様の議論はいくらでも可能である．XX 会社は実在するか．XX 大学は実在するか．何もこのような議論は国とか，法人，団体だけではない．

　私の部屋は，某大学の 11 号館という建物にあるのだが，11 号館は実在するのであろうか．これが 11 号館であると指させば，「見えるのはその建物の壁や門や廊下等である．11 号館は見えない．」という人がいたとしよう．私は，「そ

の壁や門や廊下をまとめて，11 号館と呼ぶのだ.」と答えるであろう.

とすれば，目に見えないこころも，われわれの感覚，知覚，イメージ等をまとめて「こころ」と呼ぶのであるといえるであろう．しかしながら，私のこころ（の一部）は，私にしか見えないという問題は残る．

人間のからだの密度に比べて希薄なものはあたかも存在しないのであり，からだより，濃密なものは存在するのである．長い間空気の存在は認知されなかった．現在でも，科学的知識としては，空気は存在するが，われわれの感覚としては，空気は存在しない．風とかが吹かない限り，あまりその存在感は認識されない.

もうひとつ，何が実在するかは，その人が日頃何を考えているか，もしくは，その人がどのような職業であるかに大きく依存する．数学者は，数学的対象が実在すると考えている人が圧倒的に多い．数学的対象の典型例は，点とか直線である．点の定義は半径 0 の球である．直線の定義は，半径 0 の円柱で長さが無限である．半径 0 の球は，どこを探しても見つからない．われわれには見えないし触れない．半径 0 の直線も同様である．黒板に書く 3 角形は，本当の 3 角形ではない．本当の 3 角形は 3 本の直線から構成されるが，黒板に書かれた 3 角形は，太さのある「線」から構成されていて，しかも厳密には，まっすぐではない．定規を使って書いても，厳密にはまっすぐにはならないし，太さを無くすことはできない．だから，黒板の 3 角形は，3 角形もどきなのである．黒板に描かれた 3 角形は，3 角形の模倣物にしか過ぎない．だから，この世の中に存在するのは，数学的対象の模倣物だけであり，数学的対象は，通常の感覚では，この世の中には存在しない．しかしながら，多くの数学者は，数学的対象が存在すると考えている.

古代ギリシアのプラトンは，この世に存在しないはずの数学的対象に関しては，ユークリッド幾何学等の真理が存在することに注目して，真の実在は，物質世界ではなく，イデア（観念）の世界であると考えた．

同様に，精神科医にとっては，こころが存在するかどうかなどという疑問は，愚問であるらしい．こころが存在するのは自明であるとのことである．毎日，こころを患っている患者を見ている精神科医にとっては，こころが存在することに，疑問の余地がないのである．

　また，中世のヨーロッパの人間にとっては，神が存在するのは，自明であった．これは，現在の多くの人間，とりわけ日本人からすると，全然自明でもないし，むしろ，神など存在しないということの方が自明なのではないだろうか．

　このように，何が存在するかは，時代とも，文化とも，職業とも，大きくかかわる．近世になって，無神論が流布したのは（神がいなくなったのは），自然科学等の知識を得た人間が自信を持ったからといわれることがある．こころに関しても，同様であろうか．無心論が流布する時代が来るかも知れない．

3.3.3　こころを脳に還元して，厳密に説明できるか

　前節で見たように，こころが存在するかどうかに関しては，こころはそれなりに存在するといってよいかもしれない．日本国政府が存在すれば，こころも存在するといってよいかもしれない．しかし，某国政府と同等の存在論的身分で，科学をやってよいであろうか．もっと確固たる基盤が欲しいではないだろうか．

　こころは，目に見えないし，比喩を用いなければ語れないし，いろいろと，厄介である．そうすると，こころは脳の機能であるならば，こころを脳に還元してしまおうという人間が現れるのは自然であろう．

　彼らは以下のように主張する．

　「こころは脳の機能であり，脳は神経回路網から構成されており，さらにその神経回路網は細胞から構成され，その細胞は分子，原子から構成される．したがって，こころの理解は，分子，原子の挙動を理解することに還元される．すなわち，こころは，原子レベルの挙動の記述を積み上げてゆくことで，説明できるはずである．しかし，現在はできていない．現在，そのような説明ができないのは，科学が未発達だからである．将来，自然科学が発展すれば，こころは物理的に説明できるであろう．」

　この考えは，世界は物質から構成されているから，究極的には，物理法則ですべてが説明されるべきであるという物理主義である．しかし，量子力学の方程式をたくさん並べられて，それから，脳の神経回路網の挙動を表す方程式を書かれて，これがこころだといわれて，あなたは何を理解するのであろうか．

いかなる方程式であろうと，それは，人間の理解から独立ではない．理解不可能な方程式はなんの意味もないであろう．それは，方程式というよりは，単なる記号列にすぎない．

　分子，原子の挙動を理解するとは何なのであろうか．原子は原子核と電子から構成されている．原子核の周りを電子が飛び回る．われわれは通常，これを，ボールみたいな原子核とその周りを飛ぶやはりボールみたいな電子を描写して理解する．しかし，原子核も電子もボールではないし，ボールみたいな粒子でもない．現在の量子力学が教えるところによれば，それらの物理的存在は，ある意味では粒子でもあるし，ある意味では波でもあるという．別のいい方をすれば，電子等の物理的存在は，粒子でも波でもないのである．素粒子の挙動は，量子力学の方程式で記述されるが，それらを理解するには，粒子でも何でもない物を，粒子や波の描像でもって理解しているし，理解せざるを得ないのである．各種の種々の処理された写真でわれわれは電子等の粒子の存在を見ることはできる．しかし，それは電子を見ているのではなく，電子が何かと作用した反応結果を見ているのである．われわれは，(直接)電子を見ることはできない．

　粒子も波もわれわれの日常的な規模のでき事である．その粒子や波という概念で極微の世界を記述できるという保証はどこにもない．にもかかわらず，そのような日常的な概念で比喩的に表現しないと理解できないのである．われわれは，この極微の世界を日常的な規模の描像で理解せざるをえないのである．結局，電子も原子核も見ることはできないにもかかわらず，ボールの周りを小さいボールが飛び回るという絵をイメージすることでこれを理解するのである．

　その結果，脳をばらしていって，最後にたどり着いた極微の世界の，原子に関する理解は，日常的なでき事のイメージで語られるのである．厳密な理解を目指して，こころなどというあいまいな物を相手にせず，すべての事柄を物質に還元し，その物質に関する法則や方程式で厳密に記述しようとしてみたが，その物質に関する方程式を理解するには，排除し，追放したはずの，あのあいまいな，そして物に還元されるべき，こころの一部である日常的なイメージ，日常的な比喩（メタファー）が顔を出すのである．結局，こころを物質に還元しても，こころに関する理解は，あいまいなままなのではないであろうか．

　物理の方程式を，理解できなくても良い，予測できれば良いと，割り切れば，

曖昧な日常的なイメージを用いなくても良いであろう．理解を放棄すれば，で
あるが．しかしながら，理解抜きの方程式とは何であろうか．また，「いくら，
方程式を並べられても，私の気持ちとその方程式がどういう関係にあるのであ
ろうか．」と思う読者も居られよう．とすると，こころに関して，どのような説
明をすれば，あなたは満足するのであろうか?

　ここで，少々長いが，カミュの『不条理な論証』[Camus 69]から引用する．

　どのようなことばの勝手な操作や理論の曲芸が行われていようと，理解する
とは，まずなによりも，統一することである．精神がもっとも進んだ運動を行
っているときの，その精神自体の奥深い欲望が，自分の宇宙をまえにしたとき
に人間のいだく無意識の感情と結局のところ同じものとなるのだ．つまり，そ
れは，親密性への欲求であり，明晰さへの本能的欲求である．ひとりの人間に
とって世界を理解するとは，世界を人間的なものへと還元すること，世界に人
間の印を刻みつけることだ．猫の宇宙は蟻食いの宇宙ではない．「いかなる思考
もすべて人間の形態をしている」という自明の理には，それ以外の意味はない．
同様に，現実を理解しようと努める精神は，現実を思考のことばに還元しない
かぎりは，みずから満足したとは思えない．もしかりに人間が，宇宙もまた自
分と同じように愛したり悩んだりすることができるのだと認めれば，もはや自
分に不満など感じなくなるだろう．もし思考が，現象という移ろいやすい鏡の
なかに，現象を要約しうるような永遠な関係，しかもそれ自体ただひとつの原
理へと要約されうるような永遠な関係を見出せば，ひとは精神の幸福について，
－あの至福者たちの神話も，ただ，その滑稽な引写しにすぎぬような精神の幸
福について語ることができるであろう．統一へのこの郷愁，絶対へのこの本能
的欲求が，人間の劇の本質的な動きを明示している．しかし，この郷愁が現実
だからといって，ただちに満たされねばならぬものだということにはならない．
なぜなら，ぼくらが，欲望と征服とをへだてる深淵を跳びこえて，パルメニデ
スとともに＜一なるもの＞（それが何であれ）の実在を断言するとき，あの精
神の滑稽な矛盾－全体の一体性を断言し，その断定そのものによって精神自体
が全体とはちがう存在であることを証明し，また，みずからは多様性を解消せ
しめると主張しながら，じつは多様性を証明してしまうような精神の，滑稽な
矛盾，ぼくらはそれに陥ちこんでしまうのである．このもうひとつの循環論法
だけでも，ぼくらの希望の息の根をとめるのに十分だ．
　幾世紀にもわたる探求，思想家たちにおけるあまたの放棄を眺めてきたぼく
らには，これがぼくらの認識の全体にとっての真実なのだと，はっきり解って
いる．職業的合理主義者ならいざ知らず，こんにちでは，人びとは真の認識に
絶望している．もしかりに，人間の思考の歴史としてただひとつ意味深いもの
を書く必要が起こるとすれば，思考の相つぐ悔恨と思考の無力との歴史を書か
なければならぬであろう．とはいえ，やはり，空，ここに立ち並ぶ樹々，その

肌の粗い手触りをぼくは知っている，ここに流れる水，その味をぼくはしみじみと味わうのだ．夜，草と星々はあのように匂い，ときとして，夕暮れにこころが和らぐこともある．そんなふうにして，世界の力とそのさまざまな現れを身に沁みて感じているとき，その世界をぼくはどうやって否定できよう．にもかかわらず，この大地についてのいっさいの知は，この世界がぼくのものだと確信させてくれるようなものを，なにひとつぼくにあたえてはくれないだろう．きみはぼくにこの世界の姿を描き述べてくれる．世界を分類整理するすべを教えてくれる．きみが世界の諸法則を列挙するので，知識に渇えたぼくは，それらの法則が真実だということに同意する．きみが世界の機構を解きほぐして示してくれるので，ぼくの希望はふくれあがる．最後にはきみは，この色とりどりの魅力にみちた世界が原子に還元され，その原子自体もエレクトロンに還元されるということを，ぼくに教えてくれるのだ．こうしたことは，みんな，いいことだし，きみがさらにつづけてゆくのをぼくは待っている．だがきみは，数個のエレクトロンが 1 個の核の周囲をまわる不可視の太陽系についてぼくに語るのだ．きみはこの世界を，あるイメージを使ってぼくに説明するのだ．そのときぼくは，きみが詩に至りついていると認める．つまり，ぼくはけっして認識することはないのだ．しかもそれに腹をたてる時間もない．ぼくが続きを待っているうちに，きみがもはや理論を変えてしまったからだ．こうして，ぼくにいっさいを教えてくれるはずだったあの科学が仮説となって終わり，あの明察は比喩のなかに沈みこみ，あの不確定性は芸術作品に化してしまう．どうしてあんなにおびただしい努力を重ねる必要がぼくにあったろう．たたなわるあの丘々の優しい線や，乱れさわぐこのこころをそっとおさえてくれる夕暮れの手のほうが，世界についてずっと多くのことをぼくに教えてくれるのだ．こうしてぼくは出発点に舞い戻ってしまった．いまやぼくは理解している，なるほどぼくは科学によって，さまざまな現象を捉え，それを列挙することはできるかもしれないが，だからといって世界を把握することはできないのだということを．世界の起伏を指ですっかり辿ってみたところで，それだけいっそう世界が解けるようにはならぬだろう．しかもきみは，確実ではあるがなにも教えてくれない叙述と，ぼくになにかを教えてくれると称しながら，それ自体すこしも確実ではない仮説と，そのどちらかを選べとぼくに迫るのだ．

3.4 こころに法則はあるのか？

　こころに関する科学が成立するということは，こころに関する何らかの法則が存在するということを暗黙に前提にしている．果たしてそうなのだろうか．ここでは，その法則について，簡単に議論したい．

　現在までで，もっとも成功した科学は，ニュートン力学に代表される物理学

であろう．その成功を横目に見て，他の学問も，物理学と同様の成功を目指してきた．しかし，なかなか思うようにはならない．心理学もそうであろう．物理学みたいに自然科学的に取り組むと，こころは，うまく扱えない．

ニュートン力学では，運動方程式，万有引力の法則などの法則が，最初に提示される．そして，あとのもろもろのことがらが，これらの法則から，いわば定理みたいに導出される．最初に，法則があるのである．法則とは何か．それは，自然界の規則であり，人間はそれに従わねばならないものである．このことを別のいい方をすると，人間は，それらの法則を変更できないのである．万有引力の法則は，2つの物体間の引力は，その2つの物体の距離の2乗に反比例する．その2つの物体が離れるにしたがって，2乗で小さくなってゆく．これを，2乗ではなく，5乗に変えることは，人間にはできない．人間に変更できないから，法則なのである．もし，人間に変更できれば，それは法則ではなくなる．人間の力が不足しているから万有引力の法則は，法則なのである．ちなみに，物理学には，法則ではなく，効果という範疇がある．これは，その中に人間が操作できる項が入っているものである．たとえば，ジョセフソン効果が一例である．

ある法則が法則であるのは，人間の力が不足しているからであり，あることが法則であるかどうかは，人間の力と相対的である．人間の力がなければないほど法則は多くなり，逆に，人間の力があればあるほど法則は少なくなる．

ユークリッド幾何学という学問があるが，これは合同変換で不変な図形に関する規則を調べる学問である．合同変換には，平行移動と回転などがある．たとえば，2つの形が同じな3角形が右と左にあったとしよう．

この2つの3角形は，別のものである．しかし，どちらか1つの3角形を回転と平行移動等でもう1つの3角形に重ね合わせることができる．図3-4参照．

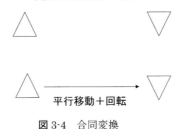

図3-4 合同変換

　すなわち，合同変換で，2 つの 3 角形は同じ物になるのである．だからユークリッド幾何では，この 2 つの 3 角形は同等の 3 角形となり，その 3 角形に関する規則，定理が作れるのである．この平行移動と回転は力である．もし，われわれに平行移動や回転ができなければ，この 2 つの 3 角形は別物であり，2 つの 3 角形を同じ物として扱えない．回転を行わず，平行移動だけならば，図 3-4 の 2 つの 3 角形は同等にはならない．図 3-5 参照．その結果，同等の 3 角形にならず，ユークリッド幾何の規則や定理は成立しない．が，そのかわり，別の幾何学が存在し，もっと多くの規則，定理が存在するであろう．

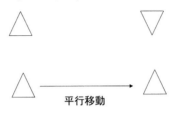

平行移動

図 3-5　平行移動だけ

　実際，多くの幾何学が存在し，その各々の幾何学は，それぞれの変換で不変な図形の性質を調べるのである．射影幾何学は射影変換で不変な図形の性質を調べるし，アフィン幾何学は，アフィン変換で不変な図形の性質を調べる．もし，すべての変換を認めてしまえば，容易に想像ができるように，すべての図形が同じになり，その結果，規則，定理などというものがなくなってしまうであろう．

　素粒子物理学では，素粒子を見つけている．昔は原子から物質が構成されていると考えられていたが，その後，その原子も，電子と原子核に分解でき，さらに，原子核も，中性子や陽子等に分解できることがわかった．そして，現在までに，数多くの素粒子が見つかっている．素粒子物理学は高エネルギー物理学とも呼ばれる．この名前が示しているように，素粒子を見つけるには，何億ボルトとかの非常に高いエネルギーで，素粒子同士をぶつけ合って，さらに小さい素粒子に分解するというような手法で，新しい素粒子を見つけている．いわば，空間を超高電圧で破壊して，素粒子を見つけているようなものである．

　もし，このような方法で，素粒子がすべて見つかりましたということになっ

たとしよう．これ以上の素粒子は，理論的には存在しない，ということが証明されたとしよう．しかし，そのとき用いたエネルギーの1兆倍のエネルギーを用いても，その素粒子が破壊されないという保証はどこにもない．理論がいくら保証するといっても，それは仮説にしか過ぎない．実際に1兆倍のエネルギーをかけて実験を行ったら，どうなるかわからない．したがって，これ以上の素粒子は存在しないということは，人間がそれ以上，空間を破壊できないということを意味しているのではないだろうか．

　だから，素粒子物理学でいえることは，このくらいのエネルギーを用いれば空間をこの程度にまで分解できるということであり，究極の素粒子というものは存在しないのではないであろうか．このように，素粒子に関しても，その法則は，人間の力と相対的なのである．

　また，生まれてからずっと同じ場所にいて，同じ方向を向いて，生きてきた人がいたとしよう．その人は事情があって移動ができないし，首もまわらず，眼球も固定されているとしよう．その人は，自分が不自由であるとは感じないであろう．樹木などがそうであろうか．それが，自然な状態であるからである．置いてあるものを移動することができないし，見ている方角が固定なので，目に入る光景の時間変化も固定であろう．そのような人にとって，外界は法則性，規則性だらけである．

　宇宙での人間も同じではないだろうか．人間は地球の外に出られないし，銀河の片隅の太陽系で公転とか自転とかしている地球から宇宙を眺めているが，それは，ちょうど，移動もできなくて，首もまわらず，眼球も固定されているのと同じようなものであろう．もし，人間が，宇宙を（もう少し）自由に移動できれば，人間の宇宙に関する知識はまったく別のものになっているであろう．

　このように，ある事柄が法則であるかどうかは，人間の力と相対的なのである．人間の力が不足しているところでは，規則性，法則性が成立しやすい．その逆に，人間の力が十分にあるところでは，規則性，法則性が成立しないのである．

　心理学は，こころに関しての規則性，法則性を研究する学問であるが，物理学と同様の規則性，法則性を見つけようとしているのかもしれない．しかし，上述の人間の力との関係からいえば，こころに関しては，人間は，自然界に関

してより力を持っている．すなわち，われわれは，こころや気持ちをある程度
左右できる．こころは，われわれの身近にあり，われわれが力を及ぼしうる．
だから，こころに関しては，ニュートン力学に代表される物理学のような規則
性，法則性は，存在しないのではないだろうか．したがって，そのような規則
性をこころに求めるのは無理であろう．

4 人はことばをどのように理解しているか

4.1　記号は客観的存在か？

ここでまた，質問である．意味についての質問である[Lakoff 80]．あなたは，以下の項目で，いくつ「はい」と答えるであろうか．

1. 意味は客観的である．
2. 意味は人間から独立して存在する．
3. 人間や人間による理解をぬきにしてことばを世界にあてはめる．
4. 意味に関する理論は真実に関する理論に基づく．
5. 意味は用法とは無関係である．
6. 文法は意味や理解とは無関係である．

筆者は，強いていえば 6 に関しては，「はい」であるが，あとは「いいえ」である．読者はどうであったろうか．

ことばは，文字と音声であるが，音声の方が基本である．文字をもたない民族もいたし，現在でもいる．日本でも，昔は，ことばを話せても，文字をかけない人が多く存在した．音声は，音とイメージ（絵もしくは音など）の組み合わせである．音を頭でイメージに変換する．音声が聞こえると，脳の中で，何らかの広義のイメージが作られる．単なる音では，そういうことはない．「イヌ」

という音が聞こえると，なんらかの犬のイメージが頭に作られる．

「イヌ」という音声を犬にいっても，その犬は犬のイメージを作らないであろう．また，日本語を知らない人，たとえば，ウズベキスタンの人に「イヌ」といっても，彼らは犬をイメージできない．このように，音とイメージの組み合わせは人間集団によって違う．したがって，音とイメージの組み合わせであるところの音声言語は，客観的存在ではない．客観的存在でなければ，主観的存在である．より正確には共同主観的存在である．

星 ⟶ hoshi ⟶ ☆

絵　　　　　音　　　　　イメージ

図 4-1 文　　字

文字とは，線画である．人間は声を出さずに頭の中で読む．もちろん，声を出して読むこともある．読まねば，その線画は文字にはならない．線画を音に変換することで，はじめてその線画は，文字すなわち言語記号になる．したがって，文字は線画と音の組み合わせである，といえる．

その組み合わせは，人間が行っている．犬にとっては，漢字は文字ではない．漢字は，日本人などにとっては文字であるが，漢字を知らない民族にとっては，文字ではない．もちろん，彼らが別の文字を持っていれば，漢字を見て，文字のようだと思うではあろう．アラビア文字は，連続した曲線である．アラビア文字を知らなければ，それを文字とは思わない人も多いのではないであろうか．文字と思わずに，模様と思うかもしれない．

このように，文字と呼ばれる線画と音の組み合わせは，人間集団で異なる．そして，この組み合わせは，その集団での教育等に依存する．われわれは，長い期間に渡って，その組み合わせの訓練を受ける．漢字が，見慣れた文字ではなく，奇妙な線画に見えることを，誰しも経験したことがあると思うが，それは長い期間の訓練の結果である脳の機能が，疲労等で低下することで，発生するのである．これに対して，筆者は，アラビア文字を読めないのであるが，ど

んなに疲れていても，とても元気なときと同じように，筆者の目に映る．

　このように，線画と音の組み合わせであるところの文字言語は客観的存在ではなく，音声言語と同様に，主観的存在である．より正確にいえば，共同主観的存在である．

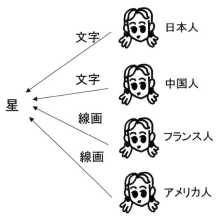

図4-2　言語記号は共同主観的である

4.2　ことばについて −記号論から−

　言語記号についての記号論の見解を述べる［丸山81］．筆者は，とくに，記号論の信奉者ではないが，読者の多くは客観主義者ではないかと推察するので，われわれが，記号と呼んでいるものは，線画や音（記号表現）だけで構成されず，記号内容と組み合わせてはじめて記号になるということを強調したいがために，少し，記号論について触れる．読者の多くが「記号」というのは，記号論でいうところの記号表現である．

4.2.1　言語＝記号表現＋記号内容

　言語記号はシニフィアンとシニフィエからなる．このシニフィアン，シニフィエは signifier という動詞の現在分詞，過去分詞から作られており，直訳すると「意味するもの」と「意味されるもの」である．シニフィアンは能記とも訳されるが記号表現という日本語をあてる．またシニフィエは所記とも訳される

が記号内容という日本語をあてる．以降記号表現，記号内容を使う．たとえば三日月という言語記号の記号表現は / mikazuki / という「音」もしくは「三日月」という「線画」等である．音と線画に「」をつけたのは記号表現が物理的な音もしくは図ではなく，心的存在だからである．たとえばわれわれは物理的な音，物理的な線画を伴わずに三日月を想起できるからである．記号内容はたとえば三日月という概念である．従って記号内容は記号表現と同様に心的存在であり，物質的な三日月を指し示すのではない．物質的な三日月はレフェラン（指向対象）であり，記号内容とは区別される．

この記号表現と記号内容の特徴の1つに不可分離性がある．すなわち記号表現と記号内容という2つの即自的に存在する実体が結合して言語記号ができるのではなく，記号表現，記号内容は1つの言語記号の分離することの不可能な2つの側面であるということである．

ところでこの記号表現，記号内容という構成は言語記号すべてに共通のものではあるが，いくつか例外的なものがある．たとえば固有名詞である．固有名詞にはもちろん記号表現はあるがその記号内容，すなわち概念はない．固有名詞にあるのはレフェラン（指向対象）だけである．

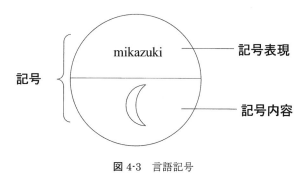

図 4-3 言語記号

4.2.2 恣意性

言語記号には2つの恣意性があるが，その1つに記号表現と記号内容の関係の恣意性がある．これは記号表現と記号内容に自然的，必然的な関係がないことである．イヌという概念を日本語では犬，英語では dog と記すのがその1例である．もちろん，擬音語や象形文字等は記号表現と記号内容に自然的な関係

があるといえるかも知れないが，これらは例外的である．またもう 1 つの恣意性は言語体系内の言語記号同士の関係に見られるものであり，個々の言語記号の価値は他の言語記号との対立関係から決定されるという恣意性である．すなわちこの恣意性は現実の連続体が非連続化されてゆく際のその区切り方の恣意性のことである．

4.2.3 差異の体系

言語記号間の対立関係は言語記号間の差異に基づいている．「すべては対立として用いられた差異に過ぎず，対立が価値を生み出す．[Saussure 72]」「言語の中には差異しかない．差異というとわれわれはその間に樹立される積極的な事項を想起しがちである．しかし，言語の中には積極的な事項をもたない差異しかない．[Saussure 72]」たとえば犬の意味は現実の犬がいるから決まるのではなく，言語記号の中の猫などがあるから決まるということである．またたとえば英語の foot/feet の feet に複数なる概念を与えるのは foot との対立以外の何ものでもなく，feet に内在するいかなる性質とも無関係である．

この，差異が意味であるという主張は，多くの客観主義者にとっては，受け入れがたい主張であると思われる．しかしながら，読者が周辺の人間とやりとりしている会話もしくは文章を注意して観察していただきたい．音としての差，線画としての差がなければ何も情報を伝えられない．どのように，人間が聞ける音に差を入れるか，すなわち，分割するかが結局，差異の体系であり，記号としての意味なのである．われわれの日常的な「意味」は実体論的である．「イヌ」といえば，目の前に犬がいれば，その犬を意味する．しかし，目の前に犬がいなければ，どうなるであろうか．目に前に犬がいなければ，犬をイメージするであろう．この場合は，実物の犬がいないので，頭の中のイメージで代用しているのである．この 2 つの場合であるが，現実世界での「イヌ」の意味を実現しようとしている．記号の世界のなかで，意味を実現しようとすると，記号（表現）の差異（の体系）でしかありえない．

自然言語には非常に多くの語彙すなわち記号が有り，状況が複雑であるので，話を簡単にするために，自然言語に比べれば記号の数が非常に少なくて自然言語と同様の記号系である四則演算で，説明しよう．四則演算に登場してくる記

号は，0，1，2，3，4，5，6，7，8，9，＋，－，×，÷，＝　である．この四則
演算でも，自然言語と同様に，記号間の対立関係は記号間の差異に基づいてい
る．英語の foot／feet の feet に複数なる概念を与えるのが foot との対立である
ように，0，1，…，9 に各々の概念を与えるのは各々の対立であり，0，1……，
9 に内在するいかなる性質とも無関係である．（とはいうものの，漢数字の一，
二，三などは，これらに内在する性質と無関係とはいえないだろうが．）また，
＋，－，×，÷，＝ に各々の概念を与えるのは，各々に内在するいかなる性質
でも無く，＋，－，×，÷，＝の各々の対立関係である．

　意味が差異であるという良い例は，数学のテストであろう．話を簡単にする
ために，四則演算を足し算と掛け算だけに限定する．小学生に掛け算のテスト
をする．その小学生がそのテストで，間違えた答えを書いたとしよう．たとえ
ば，2×3＝5 と答えたとする．そうすると，教師はその小学生が，掛け算（の
意味）を理解してないと判断する．もし，その小学生が，間違えずに答えを 2
×3＝6 と書けば，その教師は，その小学生が掛け算（の意味）を理解している
と判断する．これは，教師が，生徒の答えの差異で判断しているということで
ある．教師は，生徒の頭の中まで見て，その生徒の掛け算の意味を判断してい
るのではない．

　ところで，その生徒が，2＋3＝6 と答えたとする．そうすると教師はその生
徒が，足し算を理解していないと判断するであろうが，それだけではなく，掛
け算も理解していないと判断するであろう．その生徒は，掛け算と足し
算の違い（差異）を理解していないのである．その生徒が，2＋3＝5，
2×3＝6 と答えてはじめて，教師は生徒が足し算と掛け算を理解していると判
断できるのである．ここで，注意してもらいたいのは，その生徒が，掛け算が
できるかどうかは，掛け算だけでは判断できなかったということである．掛け
算ができるかどうかの判断には，足し算を必要としたということである．これ
が，差異の体系というものである．

　このような状況は特殊ではない．日常的な場面ではいくらもある．われわれ
の会話では，会話で登場して来るものが，実際に眼前に存在しない場合が多い
が，お互いに，お互いがいったことがわかったかどうか，意味が通じたかどう
かは，その両者が，ことばでチェックして判断することが多い．したがって，

実際にも，われわれは，差異が意味であるということを体験しているのである．

4.3　意味について

4.3.1　意味の諸説

　しかし，言語（記号）の意味は差異（すなわち記号論的意味）だけであろうか．筆者は，言語（記号）の意味には，記号論的意味である差異ではないような意味が存在すると考える．意味に関しては諸説あり，現在のところ万人が同意するような定義はないのではないかと思うので，ここでいくつか代表的な説を列挙しておく．「言語の意味はそれが指し示す現実の対象である．」「言語の意味は個別的な心像もしくは概念である．」「言語の意味は発話を引き起こす刺激，状況と，発話によって引き起こされる聴き手の行動である．」「言語の意味は言語におけるその使用法である．」等[立川 90]である．しかし以上の諸説はいずれも部分的に妥当であるが，意味のすべてを汲み尽くしているとは言えない．

　より一般的に意味を定義しようとすれば次のようになるのではないだろうか．「何にせよ見かけは重要でない物事がより重要な物事と密接な関係にあるとわかった時にわれわれは前者が意味を持っているという．すなわちそれは後者-より重要な物事を意味するのである．[Bloomfield 71]」たとえば / hi / という音はそれ自体では物理的な音に過ぎないが，それを聴く主体であるわれわれがその音を日，火，比等に文脈に応じて結びつけた時に，/ hi / は意味を持ち記号になるのである．だから，意味とは，主体がある現象をある文脈においてその現象と結びつけられたそれより重要と見做すなにものかのことである．だからそのより重要ななにものかが現実の対象であろうが，心像であろうが，行動であろうがそれは大した問題ではなくなる[立川 90]．

4.3.2　理解する文脈と主体

　ここで，上の文章の中で 2 つのことに注意してもらいたい．1 つは「文脈」であり，もう 1 つは「主体」である．文脈に関しては，意味は文脈に依存するということである．これはフレーゲの文脈原理である[Frege 84]．すなわち「語

の意味は文というまとまりの内で問われなければならず，孤立した状態で問われてはならない.」この文脈原理は意味という語にも適用されねばならない.「意味という語の意味は文というまとまりの内で問われなければならず，孤立した状態で問われてはならない.」となる. すなわち意味とは何かと問うのではなく，意味という語が含まれる文の意味を問わねばならないということである. ここでいう文脈とは状況とほぼ同義である.

　次に主体であるが，ある物理的存在が意味を持つにはそれを処理する主体であるわれわれ人間が介在するということである. すなわち理解する主体である人間を抜きにして意味に関する理論を構築することはできないということである. 理解という行為を抜きにしては，いかなる文も単なる図柄でしかない. 意味に関する議論をいくら客観的に装ってみても最後のところではそれを理解するわれわれ人間が関与しているのであり，そして関与せざるを得ないのである.

　われわれ人間に理解できないような議論は議論にすらなり得ない. 理解という行為が非常にわれわれ人間に密着していて，われわれ自身が気付かないくらい手前にあるので，通常は理解という行為を見逃してしまうが，それを意識的に顕在化しなければならない. したがって意味だけ単独に議論しても無駄であり，意味を議論するときには，その意味と関わる主体であるところのわれわれ人間の理解という行為と一緒に議論せねばならない.

　ある事柄の意味はそれと関わる生物ごとに異なる. すなわち各生物ごとにその事柄の意味の理解は異なる. たとえば「雨」の意味は人間と花では違う. その事柄の意味，すなわちその事柄の意味の理解は，生物の数だけ存在する. しかし，われわれは通常「意味」とだけ書けば，暗黙のうちにその意味とはわれわれ自身にとっての意味であると決めつけている. しかし人間にとっての意味だけが唯一絶対の意味ではないのである. 人間にとっての意味は人間以外の数多くの生物にとっての意味と基本的に同格であり，その中の１つにすぎないのである. だからわれわれ人間は，日常的にわれわれ人間が理解している世界の種々の事柄の人間にとっての意味を，ほぼ無意識のうちにその事柄に措定してしまって，その意味がその事柄固有の性質であり，他の生物にも同じ意味を有し，あたかもその意味が客観的に存在するかのごとく見なしている場合が多いが，そのような先入観からわれわれ自身は自由にならなければならない.

　だからある事柄の意味とはその事柄が有している意味ではなく，われわれ人間との共同作業で成立しているものをわれわれ人間がその事柄に付与しているものなのである．その共同作業の人間側の表現が理解であり，対象側の表現が意味なのである．したがって意味とは何か？という形での設問は片手落ちであり，意味の理解とは何か？という形ではじめて設問となり得るのである．

4.4　ことばを理解するとは

4.4.1　２つの理解

　いままでの議論で，「われわれ人間にとっての意味」，もしくは「われわれ人間による意味の理解」という表現を用いてきたが，これをもうすこし厳密に議論するためにここで１人称的，３人称的という概念を導入する[渡辺 94]．こころの概念と同様に意味の理解という概念も１人称的と３人称的に分けられる．われわれは自分で理解という現象を１人称的にわかる．また他者の理解という現象を基本的には３人称的にしかわからない．もちろん１人称的な理解を他者に移入して理解はしているが，本当にその他者の理解と自分の理解が一致しているかどうかは外部観測的にならざるを得ない．

　１人称的な意味の理解はわれわれが自分自身で行っている行為，すなわち内部観測に基づくものである．「喉が乾いたときに水がおいしい」という文の意味が理解できるのはわれわれ自身が自分でそういう体験を有しているからであり，直観的にわかるからである．これに対し，３人称的な意味の理解とは他者の行為を外から見て判断する場合である．すなわち外部観測に基づくものである．

　１人称的意味の理解とは，想像可能であるということである．われわれは，たしかに「理解できた」というような場面では，なんらかのイメージを頭の中で作っている．それが作れないときは理解できないということである．そしてそのイメージを作るときには想像力を使っている．たとえば，「黄金の山」は現実には存在しないが想像できる．しかし「丸い４角」は想像できない．「黄金の山」は理解できるけれど「丸い４角」は理解できないのである．これはこのような空間的なものばかりでない．もちろん聴覚的，触覚的なものもあるし，さ

らには他人の気持ちを理解するときとか，抽象的な文を理解するときでも，われわれはなんらかのイメージ（表象）を頭の中で描いているのである．

　しかしこれに対しては，次のような反論があろう．「われわれは事物とイメージを介してつながっているわけではない．…ハンマーで釘を打つときに，わざわざハンマーのイメージを使う必要はない．釘を打つことができるというのは，「釘を打つ」という行為に私が馴れ親しんでいるからであり，「ハンマー（そのもの）」についての知識があるからではない．［Winograd 86］」たしかにハンマーで釘を打つときはそうであろう．しかしだからといって「われわれは事物とイメージを介してつながっているわけではない．」とまでいうのはいい過ぎであって，「われわれは事物とイメージを介してつながっていない部分もある．」というべきである．そこでいま，検討しているのはわれわれが理解する局面である．上記の「ハンマーで釘を打つ」というのを理解するときに，私は何らかのそのような場面を思い浮かべる，すなわちイメージを描く．したがってやはり理解するときにはイメージが必要なのである．その行為をするにはイメージはいらないかも知れないが，その行為を理解するにはイメージは必要である．

　「理解」できたと思うときのイメージであるが，これは，具体的なイメージの時もあれば，あいまいなイメージの時もある．筆者の場合は，抽象的な議論を理解（納得）したときは，あいまいなもしくは漠然としたイメージである．

　3 人称的意味の理解とは，記号操作可能ということである．ある人間が四則演算ができれば，その人間は四則演算の意味を理解していると見なされる．この 3 人称的な意味の理解とは基本的に差異が意味であるような記号の体系を形式的に処理できることである．たとえば，四則演算の足し算を理解しているかどうかを確認する場合であるが $1 + 1 = 2$ とか $8 + 9 = 17$ で，足し算を理解していると判断できるかもしれないが，それだけでは不十分である．前でのべたように，掛け算で $1 \times 1 = 2$ とか $8 \times 9 = 17$ と答えたならば，その人は，掛け算を理解していないのみならず，足し算も理解していないのである．このように 3 人称的な意味の理解での足し算の意味の理解や掛け算の意味の理解は，それぞれ実体的に存在するのではなく，他との差異に基づいているのである．

　記号操作可能ではあるが，想像可能ではないものはたくさんある．たとえば，7 次元空間がそうである．7 次元空間は記号操作可能であるが，想像可能でない．

7 次元空間の記号操作とは，たとえば，線形空間（ベクトル空間）での諸々の記号操作のことである．これに対して，3 次元空間は想像可能であるし記号操作可能である．また，丸い 4 角は記号操作可能であるが，想像可能ではない．黄金の山は想像可能であるし，記号操作可能である．

　もっとも，7 次元空間をイメージできるという人もいるらしいが，筆者は疑問である．また，訓練すれば 7 次元などの高次元をイメージできるようになるという人もいた．しかし，100 次元とかは無理であろう．4 次元だと，実際に，数学者で「私は 4 次元が見える」という人がいたらしい．その人は 4 次元の幾何学の未解決の問題を解いて，数学のノーベル賞であるフィールズ賞を取ったのである．その証明は間違いだらけだったが，結論は正しかったのである．だから周辺の人は，その人の「4 次元が見える．」ということばを信用したらしい．多分，その人の頭の構造が普通の人とは少し違っていたのであろうか．

　前で，「言語の意味はそれが指し示す現実の対象である．」「言語の意味は個別的な心像もしくは概念である．」「言語の意味は発話を引き起こす刺激，状況と発話によって引き起こされる聴き手の行動である．」「言語の意味は言語におけるその使用法である．」と 4 個の意味の定義を述べたが，このうち前者 2 つが 1 人称的な意味であるといえる．そしてこの前者 2 つはどちらも基本的に像である．「現実の対象」は実際の知覚像であり，「心像」は表象，イメージである．後者 2 つが 3 人称的な意味である．

　なお，用語であるが，「イメージ」とは「想像」によって生成されるもののことである．換言すれば，「想像」とは「イメージ」を生成することである．また，「想像力」とは「想像」する能力のことである．

4.4.2　想像可能性と記号操作可能性の違い

　想像可能性と記号操作可能性の間には大きな乖離(かいり)が存在することを強調しておきたい．前述した感覚質であるが，たとえば，色について，簡単のために世界が赤と青の 2 色しかないとしよう．その場合に 2 人の人間が同じ色をみて「赤である．」と合意したところで，その当人らが見ている「赤さ」が同じ保証はない．すなわち一方の人間の「赤」が他方の人間の「青」であっても言語的対応さえついていれば言語的同意には何の障害ももたらさない．そしてその言語的

対応は通常は幼児の時に母親等の身近な他者から教示されるので，その他者とその2色の色に関する差異さえ一致していれば問題ないのである．言語的には問題なのは差異だけであり，その当人らが見ている色そのものは問題にすらならず，その見ている当人にしかわからない．すなわちその「赤さ」，「青さ」は他人には語り得ないのである．色の3人称的な意味は単なる差異でしかないが，色の1人称的意味はその当人が見ているその色そのものである．このように2つの意味の差は大きいのである．

　1000角形の理解はどうであろうか．筆者の場合は，すぐにイメージを作れるのは3角形，4角形，5角形，6角形ぐらいまでである．7角形となると，少し時間がかかる．訓練をすれば，もう少し増やすことができるかもしれないが，それにしても10角形くらいまでではなかろうか．したがって，1000角形は想像可能ではない．1001角形も想像可能ではない．だから，1000角形と1001角形は想像可能性，すなわち1人称的理解では差がないことになる．実際，CAD等で1000角形と1001角形を描くと，どちらもほぼ円になり，よほど拡大しない限り，多角形であると認識できない．さらに，その多角形が1000角形であるか1001角形であるかは，角か辺かを数えて行く等の手法でようやく判定できる．しかし，1000角形と1001角形は，記号操作可能であり，かつ，この2つの多角形の差は，角の数が1000か1001かという違いであり，明瞭である．

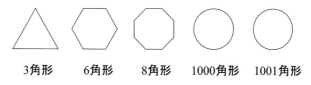

3角形　　6角形　　8角形　　1000角形　　1001角形

図4-4　正多角形

　また，たとえば「坊主が屏風に坊主が屏風に書いた坊主が屏風に書いた坊主が屏風に書いた坊主の絵を書いた」の文は，「坊主が屏風に（（（坊主が屏風に書いた）坊主が屏風に書いた）坊主が屏風に書いた）坊主の絵を書いた」と構造化され，それなりに理解できる．「坊主が屏風に書いた」は文法的には何回でも挿入できる．すなわちわれわれはそのような文を文法的に正しい文として受け入れねばならない．すなわち，われわれはそれを理解せねばならない．

　しかし，あまりにもその挿入の数が多くなると，われわれは理解できなくなる．われわれはそのような文を理解できるというべきなのであろうか，理解できないというべきなのであろうか．この問題は，数年前の心理学系の某学会で議論になり，その場では，「理解できる」派と「理解できない」派の2つに分かれ，平行線のままであった．「理解できる」派の根拠は，そのような文章が文法的に正しくて，実際にそのような文章を書けるということであった．「理解できない」派の根拠は，そのような文章をイメージできないということであった．

　この問題は，そのような文は3人称的には理解（記号操作）できるけれど，1人称的には理解（イメージ）できないということで整理できる．記号論理学に基づいた記号処理の方法では上記の文の代入は何回でもできる．これは3人称的に理解できる，すなわち記号操作できるということに対応する．これに対し，上記の文は1人称的には理解できない，すなわち想像できない．

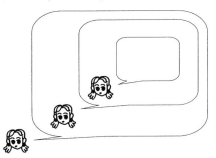

図 4-5　坊主の屏風

　今まで，「意味の理解」という表現は，想像可能性と記号操作可能性の2つを指していた．しかし，上述したように想像可能性と記号操作可能性は大きく異る．この大きく異る2つのものが同じ語で同一に扱われてきたが，この2つは各々別のものとして扱わねばならない．この2つの大きく異なるものを同じ「意味の理解」という表現で同一に扱うことは議論を混乱させるだけであろう．

　記号操作可能性は言語（記号）の次元の問題であり，想像可能性の問題は，正確には感覚と言語の2つにまたがっているのだが，基本的には感覚の次元の問題である．言語は公共的であり，感覚は私秘的である．

　科学的議論が可能なのは3人称的意味である言語的（記号的）差異までであ

る．その言語的差異以上の詳細な差異は語ることができない．1 人称的意味で
あるイメージ（自体）に関しては，科学的議論ができない．

4.4.3 想像可能性について

イメージが意味であるとすると，イメージは人によって違うし，同一の人で
も，時と場所で違うイメージをもつであろう．そうすると，意味がたくさんあ
ることになるが，それで良いのかという疑問が出てくるかもしれない．確かに，
たとえば犬のイメージは，いろいろあろう．犬の側面のイメージ，犬の前面の
イメージ，大きい犬のイメージ，胴の長い犬のイメージなどなど．いろいろあ
るけれど，これらのイメージが全然違うわけではない．それらのイメージは似
ている．足が 4 本であるとか，大体の大きさとか，言葉では表現しにくいが「犬」
らしさという点では共通している．この各種のイメージの共通的な部分が犬の
意味ということになろう．別のいい方をすれば，犬の典型例（プロトタイプ）
のイメージが，意味ということになろう．このプロトタイプのイメージは，結
構漠然としている．そもそも，イメージはそれほど，明確なものではないし，
プロトタイプ（のイメージ）も，7 章で後述するが，あいまい（ファジー）な
ものである．

このような意味では，意味が確定できないという問題が生じるという人もい
よう．しかしながら，人間は，意味を確定して生きているであろうか．自分の
生活に支障のない範囲で意味が明確であれば良いのでないだろうか．筆者の場
合には，たとえば，犬の意味はそれほど確定していない．犬に興味があるわけ
でもないし，犬を飼っているわけでもない．街を歩いているときに，噛みつか
れないようにしている程度である．その程度の犬に関する意味がわかっていれ
ば良いのである．筆者は，犬と猫は一応識別できるが，告白すると犬と狼はそ
れほど明瞭に識別できない．だから，白昼，街中を狼に歩かれると，筆者は間
違いなく噛まれるであろう．犬に関しては，その程度の意味しか筆者は持って
いない．それで，現在までの生活に格段困ったということはない．多くの人間
も筆者同様，意味を確定して生きているわけではない，というより，意味を確
定して生きている人などいるのであろうか．そのような人はいないのではない
か．生活に困らなければ，特段，意味を確定する必要はないだろう．犬を 100

匹飼わねばならないとなれば，筆者も，犬の勉強をせざるを得なくなり，犬に関する意味をもう少し明確にすることになるであろう．だから，生活で必要になれば，その必要になった分だけ，意味を明確にしていくのが実情であろう．そして，意味を確定することなくして，人は死んでゆく．

　さて，イメージは各人千差万別なので，想像できたということで理解したといって良いのであろうかという疑問もあろう．確かに，ある人が想像できたので理解できたと思っていても，誤解していることはありえよう．しかしながら，このようなことは日常茶飯事なのではないであろうか．想像可能性という理解は，了解とか納得に近い．各人がそういえば，他人はそれ以上どうしようもない．だから，誤解しているのか誤解していないのかは他人には知りようがない．

　しかしながら，他人と会話をしていて，どうしても適切なイメージを作れないときがある．そのときは，理解できていないなと思う．このようなことはよくある．筆者は，学生のときに，数学か物理の授業で教師の行っていることがわからなかったという体験があるが，この「わからなかった」というのは，適切なイメージが作れなかったということである．また，筆者の知人に，博識で弁舌が立つ人がいるが，筆者は，彼の話は，通常，2, 3割程度しかわからない．回りの人間にも聞いてみたが，やはり，よくわからないとのことなので一応安心したが，これなども想像可能性という理解ができないという実例である．

　他人が，その人が理解しているのかどうかは，その人との会話でのやりとりで調べるしかない．会話をしていて「あれ，この人，わかっていないのでは？」と思えば，具体的な例で説明したり，少し用語を変えたり，観点を変えたりして，その人がわかっているかどうかを調べるであろう．それで，矛盾なく，会話が続行できれば，その人が理解していると判断するであろう．このように，他人は，会話を矛盾なく続行している限りにおいては，その人が理解していると判断せざるを得ない．これは，記号操作可能性による想像可能性のチェックである．だから，その人が，とんでもない誤解をしていて，会話だけが矛盾なく，進行するということもあるであろう．このような状況は，多くの人が体験しているのではないであろうか．「あのとき，彼が，何をいっているか良くわからなかったのだが，多分こういうことだと思っていたが，さっきの説明で，それが誤りであるということがわかった．」という体験は各人しているのではない

であろうか．そしてさらに，「さっきの説明でわかったと思ったが，そうでもないようだ．」ということもありえる．

　実際，われわれは，想像可能性に関しては，お互いが，どのような理解をしているかは，皆目見当がつかないという状況である．想像可能性という理解に関しては，各人，結構違うのではないだろうか．したがって，想像可能性に関しては「誤解」だらけなのではないだろうか．想像可能性での「誤解」は，会話等での記号操作でのチェックに耐えられれば，許容される．別の表現をすれば，想像可能性の理解は，会話等の記号操作可能性の理解で矛盾が出ない範囲では，どのようなイメージも許容されるのではないだろうか．したがって，想像可能性の理解では，これが本当の理解であるということはいえないことになろう．どれか 1 つのイメージが正解で，それ以外はすべて間違いであるというのではなく，記号操作可能性の理解で矛盾が出ない範囲で多くの適切なイメージが存在する．

図 4-6　各人の想像

　各人が勝手に想像するといっても，他人との会話等で矛盾がでれば，修正されるので，勝手に想像できるからといっても，それほど勝手でもないだろう．これに加えて，後述するが，想像は仮想的身体運動であるため，人間の身体が基本的に同一なので，仮想的身体運動であるところの想像も，それほど各人ばらばらということにもならないであろう．

4.4.4　想像可能性と記号操作可能性の関係について

　先ほど，想像可能性と記号操作可能性の関係に少し触れたが，想像可能性と記号操作可能性の関係はどのようになっているのであろうか．たとえば，記号操作である四則演算でも，完全な理解をするには，イメージを伴った理解をす

ることが必要である．こういうと，通常の成人は，イメージ抜きで四則演算を実行できると反論する人もいるであろう．しかしながら，これは，われわれが，小学校の低学年で，徹底的に訓練されてきたからである．（数に関する訓練は，幼稚園からかもしれない．）その小学校の低学年もしくは幼稚園では，具体的な物を用いて，足し算，引き算，割り算，掛け算を教える．具体的なものが，仮想的な物（イメージ）で代替可能になれば，生徒の眼前に，積み木等の物を置かなくてもよくなる．そして，数だけの世界での説明（理解）に移行する．そこでは，たとえば，引き算では数の貸し借りという説明（理解）がなされる．

　たとえば，$25-7$ の引き算の計算では，このままでは，1 の位の引き算が実行できないので，隣の 10 の位から 1 つ借りてきて，引き算を可能にするという，説明（理解）がなされる．数の貸し借りというのは，比喩（メタファー）であり，イメージに基づく理解であろう．そして，このような段階を経て，九九等の機械的記号操作を丸暗記するような形で覚えるのである．いきなり九九を覚えたのではない．だから，たとえ，九九を忘れても，足し算でそれを補う等のことはできる．

　このように，通常の成人は，イメージ抜きで四則演算できるが，それを覚えるときは，諸々のイメージを伴った理解をしてきたのである．いきなり，四則演算の規則を列挙して，その記号操作を機械的に丸暗記したのではない．しかしこう書くと，四則演算の記号操作の機械的丸暗記も可能ではないかという人もいようかと思う．確かに，原理的にはそのような訓練方法もあり得る．九九等の四則演算の規則を，一種の身体運動みたいに直接丸暗記させるという軍隊的な教育訓練方法もありえよう．こうなると，四則演算は，知能的というよりは，刺激反射的身体運動になってしまう．このようにして身体に染み込んだ四則演算は忘れることはないであろう．しかしながら筆者は寡聞にしてか，そのようなスパルタ的な四則演算の訓練がなされたということを聞いたことがない．

　通常の場合は，記号操作は，イメージを伴った理解を経たあとに，始めて機械的に実行されるようになる．何も，これは四則演算だけではないし，数学の記号操作だけではない．日常の言語使用もそうであろう．ほぼ毎日接しているような文章は，機械的に処理できるが，ほとんど接しないような文章は，（イメージを伴った）理解をしながら，処理するので，時間がかかるであろう．

　イメージ抜きで記号操作を理解するのは，丸暗記することであるが，通常，丸暗記は困難であり，また応用がきかない．多くの人が経験しているであろうが，このような「理解」は身につかない．本当にわかるには，イメージを伴った理解をする必要がある．無意味な記号操作の体系を理解するのは非常に困難であり，イメージに基づく記号操作の体系の理解は比較的容易である．

　筆者の経験でいえば，大学で習ったフーリエ解析であるが，1 年の時に，フーリエ解析を習ったが，そのときは，記号計算できたので，それなりに理解していた．しかし，2 年のときに，別の授業で黒板に書かれた，3 次元の座標軸の x 軸，y 軸，z 軸が各々 $\sin x$，$\sin 2x$，$\sin 3x$ と書かれた図を見たときに，フーリエ解析は，ユークリッド空間のことなのか，と感嘆した記憶がある．（この表現は少し誤解を招くが，フーリエ解析の詳細を語る場でもないので，ご容赦願いたい．）また，著名な大数学者であるヒルベルトが，あまり成績の良くない弟子に対して「君は詩心が足りないから，数学ができないのだ．」といったそうである．確かに，数学では，線形空間，関数空間，確率空間のように，「空間」という用語が多用されるが，これは，数学的対象を空間に見立てるという比喩（メタファー）である．

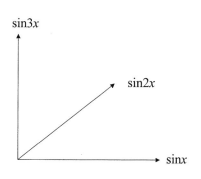

図 4-7　フーリエ解析

　このように，あえて誤解を恐れずにいえば，数学の多くの記号操作の体系を理解するとは，その記号操作の体系のイメージを理解することなのではないであろうか．

　上で説明したように，われわれは，記号操作をイメージに基づいて行ってい

る，といえる．すなわち，言語的理解，会話，対話等をイメージ等の操作を経て行っている．日常的な多くの場合は，機械的に，すなわちイメージ操作を経ずして，記号操作を行っているけれど，新しい状況に接したとき等はイメージ操作を必要とする．

　想像は記号操作を可能にしているが，それは，同時に制約として効いてくる．たとえば，7 次元空間の記号操作は，現実の 3 次元空間の記号操作を拡張したものであり，現実の 3 次元空間から独立の記号操作ではない．もっといえば，数学での n 次元空間に関する議論は，その部分空間である 3 次元もしくは 2 次元空間のイメージで理解しているであろう．少なくとも，筆者はそうである．もちろん，7 次元空間などに，現実の 3 次元空間とはまったく別の記号操作系を定義しても良いが，そのような記号操作の意義は不明であり，軍隊的な訓練を持って身体運動としてしか，実現されないであろう．このように，一般には，有意義な記号操作は，想像可能性からくる制約を受ける．

5 想像について

5.1 仮想的身体運動としての想像

たとえば[藤岡 74]には以下の実験報告が記載されている．「たばこに火をつけて口にくわえているという想像をする時には唇に筋電図があらわれた．あらわれなかった人はたばこを目で追っていたというので，眼筋に電極をあててみると目の動きに相当する筋電図があらわれた．」

また，スキーの事例も紹介されている．スキーのできる人に，スキーをすることをイメージしてくださいというと，腕や脚につけた筋電図は，同期した信号になる．スキーのできない人にそれを頼んでも，筋電図は，同期した信号にならないとのことである．このように，イメージを描くのは単に脳だけが働いているのではなく，そのイメージに関係のある筋肉が参加しているのである．すなわちイメージするには身体が必要なのである．

最近，脳の非侵襲計測技術で，活動している脳を実時間で計測できるようになった．代表的なのは，機能的磁気共鳴画像（functional Magnetic Resonance Imaging：fMRI），陽電子放射断層撮影（Positron Emission Tomography：PET）である．この非侵襲計測技術を用いた脳の実験によって，想像が仮想的な身体運動であるという報告が数多くなされている．たとえば，「自分のペースで指を使った運動を利き手で実際にやらせるタスク（MP）と想像させるタスク（MI）

を 14 人の右利きの被験者に課して，fMRI をつかって中心領域の活動の強度および空間分布を計測した．コントロールタスクとしては視覚的な想像を行わせた．その結果，MI と MP が大脳皮質において神経回路網を共有していることがわかった［Porro 96］.」

要するに，指を実際に動かすときに動く神経回路網と，指を動かすのをイメージするときに動く神経回路網が同じだということである．すなわちわれわれはイメージするときに，仮想的に身体を動かしているのであり，イメージを行うには身体が必要なのである．正確にいうと，想像の場合には，筋肉からのフィードバックが無い．また，筋肉を動かすために，神経回路網を通して，動かす部位にパルスを送るのであるが，イメージの場合には，筋肉に送るパルス数が少ない．

身体運動の想像が仮想的な身体運動であることは，広く認められているところであり，身体運動の実験課題を身体運動の想像課題で代替している．たとえば，実際の非侵襲計測のときには，首から上の部分は固定しておかねばならない．指先を動かすぐらいは問題ないが，足などを動かすとその動きが首より上部の固定に影響を及ぼすので足を動かすような実験課題は，実行できない．そこで，足を動かすのを想像するという実験課題で，実際に足を動かす実験課題の代わりにしている．

身体運動以外の想像の時には，複数の身体運動の想像を組み合わせて，それに何かが付加されている．たとえば，暗算するときは，数字を頭に描くか，内言を行う．言語野，前頭葉等に加えて，運動野，聴覚野，視覚野が動く．すなわち，暗算するときには，音か絵を用いている．音を用いるときには，耳や舌を仮想的に使い，絵を用いているときには，目を仮想的に使う．このように記号操作するときには，仮想的に身体を動かしている．このように，記号操作には身体が必要なのである．

筆者らも，fMRI を用いた実験を行った［Tsukimoto 02］．被験者 10 人に，暗算を行ってもらった．被験者には，そろばんができるものはいなかった．暗算の課題は，13 を足してゆく等の加算である．その結果，ワーキングメモリー，言語野等が動いていることに加えて何人かの被験者では，注視のときに活性化する帯状回，運動のときに活性化する小脳が活性化した．従来，計算のような知

的な活動とは無縁と思われていた小脳や帯状回が活性化したことは，計算等の知的活動でも一種の運動といえることを意味する．

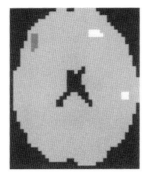

図 5-1 帯状回

図 5-2 小 脳

図 5-1 と図 5-2 は fMRI の出力を適切に処理した画像である．脳を頭頂から見て輪切りにした画像である．（紙の）上が頭の前である．黒い部分は脳で無い部分である．図 5-2 は，3 つに分かれているが，脳の下部を輪切りにすると，このような状況になる．図が白黒なので，残念ながら帯状回や小脳が活性化していることがあまり良くわからない．

しかし，上記の想像は，（自分自身の）現実的な身体運動の想像である．自分が空を飛んでいるときのイメージはどのようになるのであろうか．馬が走っているのを想像するときは，どうなるのであろうか．さらに現実にはありえない，飛行機が泳いだり，豚が飛んだりするのを想像するときはどうなるのであろうか．また詩を読んでいる時や，抽象的な哲学書を読んでいる時の想像はどうなるのであろうか？一般的な想像に関しては，今後の研究を待つしかない．

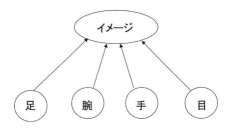

図 5-3 イメージは感覚運動回路で作られる

　なお，上記のような技術が進むと，人が何を考えているかがわかってしまうのではないかと思う人もいようかと思う．実は，筆者も以前はそう考えていて，友人の脳科学研究者に聞いてみたが，即座に一笑にふされた．現在の非侵襲計測の精度では，思考内容の同定は不可能であるとのことであり，遠い将来のことはさておき，近い将来にそこまで技術が進むことはないとのことであった．

　同じような身体運動ができれば，同じような記号内容（イメージ）を構成できる．人間と猿は身体が似ている．人間と蛇は身体が似ていない．したがって，人間と猿は同じような記号内容を作れるが，人間と蛇は同じような記号内容を作れない．したがって，猿の理解は人間と似ていて蛇の理解は人間とは似ていない，ということになる．猿は，記号表現を人間のように作成できないが，記号内容に関しては，人間と類似の記号内容（イメージ）を作っているといえる．

　　図5-4　人　間　　　　　図5-5　猿　　　　　図5-6　蛇

　人工物のコンピュータはどうであろうか．コンピュータに，身体はあるであろうか．キーボードとディスプレイぐらいで身体と呼べるであろうか．たとえ，身体と呼んでも，それはあまりにも貧弱であり，とても記号内容（イメージ）を作るだけの能力は無い．

　イメージと実際の違いは，聴覚と触覚の場合は，筋肉ではなく，末梢神経である．すなわち，実際に音が入力されると末梢神経が活性化するが，その音のイメージをするときには，末梢神経は活性化されない．実際の痛みがあるときには末梢神経が活性化されるが，その痛みのイメージのときには末梢神経が活

性化されない．イメージを詳細に語ろうとすれば，記憶とか，意識とかにも触れねばならないが，本書では，紙数等の関係で，省略する．

5.2 イメージを用いたこころの計測法

イメージとは，通常の運動イメージ，視覚的イメージ，聴覚的イメージ，嗅覚的イメージ，触覚イメージ，内言，暗算，等を含む．イメージは，仮想的身体運動である．仮想的身体運動とは，おおざっぱには，筋肉運動を伴わない神経活動である．聴覚，触覚等の場合には，末梢神経の活動を伴わない．

筋肉にもいろいろとあり，内臓にも肉があり，たとえば，心臓にも肉があり，自律神経で動いている．人間は，内臓系の筋肉の神経を仮想的に動かすことはできるのか？ 今，少し実験したが，少なくとも，現在の筆者には，心臓を動かすイメージは作れない．しかし，自律神経も，訓練をすると，仮想的に動かせるようになるとのことである．たとえば，ヨガがそうである．しかしながら，これも，ある程度までである．また，この訓練は，イメージなどを用いたバイオフィードバックを用いる．

もともと，筋肉等を動かすために発達した神経が，その筋肉を動かさずに，神経だけが活性化することができるようになった．これがイメージであろうか．そうすると，昆虫はイメージできるか，とか，猫は想像できるのかとか，という疑問に対して，非侵襲計測等を用いて測定できるのではないだろうか．昆虫の場合には，筋肉というのは少し表現が良くないであろうが．

すなわち，ある動物で，ある部位の筋肉が動くときに活性化する神経細胞が，その筋肉が動かないときに活性化されていれば，その動物は，その部位の筋肉に関してはイメージできる，といえるであろう．このような部位が観測されなければ，その動物は，自分の身体を動かす時にしか，神経を動かしていないのである．そして，仮想的な神経活動ができないのである．したがって，想像ができないことになる．

犬や，猫は，イメージできそうであるが，昆虫はどうであろうか．コオロギやゴキブリは，できそうにもない．彼らは，始終，ひげ等を動かしている．こうもりはどうであろうか．難しいところである．しかしながら，犬やコオロギ

のような昆虫を, fMRI のような非侵襲計測器の中に入れて実験するにはどうしたら良いのであろうか. いろいろとむずかしそうなことがありそうである.

　ところで, こころからイメージを引き去ると何が残るであろうか. 感覚は残るであろう. 腕に針を刺されると, 痛い. また, 食欲, 性欲等の欲求も, 残るであろう. こころから, イメージを引き去ると, 生物が生命を維持するための, 基本的なもしくは原始的な「こころ」が残るということであろうか.

　また, 意識は残るのであろうか. 意識が残る場合と, 意識が残らない場合では, 痛み等の感覚は, ずいぶん違うのではないかと思われる. われわれの痛みは意識を伴っている. コオロギに, もし意識がないとすれば, その痛みはわれわれの痛みとはずいぶん違うのではないか. われわれ人間は意識やイメージがあるので, あのような痛みになると思うのであるが, 昆虫には人間のような意識やイメージがないので, あのような痛みにはならないと思う. 人間でも脳は痛みを感じないらしい. とすると, 意識のない場合の「痛み」は痛くないという可能性もある. 脳がやられるとその機能は痛みを伴わずに失われるが, これと同様に意識のない場合は, 痛みを伴わずに単にある機能が損なわれるということになるのであろうか.

　生命維持関係の部分をこころの主要な部分とみなすかどうかで, 何人かの友人と議論したところ, 意見が分かれた. やはり人によって「こころ」の意味するところは異なるようである. 生命維持関係の部分をこころの主要な部分と認めれば, ほとんどの動物は, こころを持つことにならないだろうか. それは, それで良いかも知れない. しかし, 通常の「こころ」の用語法からすれば, 少し広げすぎのように思われる. もし, 生命維持関係の部分をこころの主要な部分でないとすれば, イメージは, こころの主要な部分にはならないであろうか.

　こころの一部に喜怒哀楽があるが, これは, 多くの場合は, 顔の表情を伴う. すなわち, 顔の筋肉活動を伴う. とすると, こころを筋肉運動なき神経活動と定義するのには, 無理があるのかもしれない. しかし, 多くの現代人は, 喜怒哀楽を顔の表情に出さないという技術を持っているであろう. そして, 喜怒哀楽を表に出さない方が大人であるといわれる. したがって, 喜怒哀楽も筋肉活動なき神経活動と呼んで良いのかもしれない. このように考えてくると, 筋肉活動なき神経活動は, 「こころ」ではなく, mind という用語を用いれば, もっ

と適切なのかも知れない.

　もし, イメージが, こころの主要な部分であるとすれば, イメージが仮想的
身体運動であるのだから, こころの主要な部分は, 仮想的身体運動であるとい
えるのではないであろうか. そうすると, こころとは, 筋肉運動なき神経活動
といえないであろうか. こころは内面的であるといわれるが, 外から見える筋
肉が動かないので, 内面的なのである.

　もし, 筋肉活動を伴わない神経活動がまったくなければ, すなわち, 神経が
筋肉活動のために使われているとすれば, その動物にはこころが無いといえな
いであろうか. 筋肉活動なき神経活動が多ければ多いほど, その動物はイメー
ジができ, そして, こころが (豊かで) あるといえるのではないだろうか.

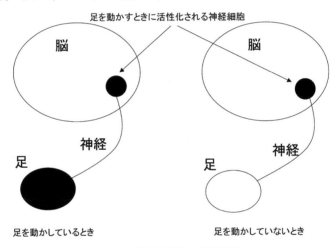

図 5-7　筋肉活動なき神経活動

　もちろん, 前頭葉の発達の具合などで, 人間に近い動物ではこころの発達の
度合は見られるであろう. たとえば, 猿などは前頭葉がある. ねずみにも前頭
葉があるらしい. コウモリは結構複雑な動きをするのに, 前頭葉がないらしい.

　いままで人間が, 勝手に犬にはこころがあるとかないなどといって, 他の動
物にこころがあるかないかを思弁的に決めつけてきたのであるが, 筋肉活動を
伴わない神経活動の有無でこころの有無を判定することが, ある程度はできる
のではないかと思う.

5.3 過去,想像力はどのように扱われてきたか

　想像力は，今までの学問の歴史では，嫌われものであった．想像力は曖昧で，いい加減で不透明であるから，絶対性，厳密性，透明性等を好む哲学，もしくは哲学者には嫌われてきた．想像力に肯定的に言及した思想家として，カント，ベルグソン，サルトル等がいる．カントについては後述する．

　イメージとはベルグソン[Bergson 95]によれば，「われわれが感覚器官を開ければ知覚され，閉ざせば知覚はされないが依然としてあるがままに存在する，そういうものであり，つまりは素朴な常識が信じているとおりの物質である.」「物質とはわれわれにとってのイメージの総体である.」となる．イメージとはものの形もしくは輪郭だけなのではなく，もののまるごとの姿，その姿のうちにある質（物質）を備えているのである．さらに，イメージは慣性，惰性等の物質性を備えている．これはイメージ操作が仮想的な身体運動であることからもわかる．このようにイメージは2つの面（感性と概念）を有する．

　このイメージの2面性はカントが指摘した，悟性と感性の両方に関わる図式の必要性そのものである[Kant 87]．また，サルトルは想像的意識を，感性的な知覚と概念的な知との間，無意識と反省的意識の間に位置づけた[Sartre 44]．

　認知科学では，過去，イメージ論争というものがあった．イメージを命題であるとする「命題派」とそれに反対する「イメージ派」の間での論争である．現在，イメージは仮想的身体運動であることがわかっているので，この論争に関しては，あまり意味のある論争ではないといえると思うが，このイメージ論争も，上記の哲学者が指摘したイメージの2面性に理由がある．

　客観主義者，物理主義者，唯物論者が，世界は物からできている．というとき，彼らは，「物」ということばで何を理解しているのであろうか．「物」という記号表現の記号内容，イメージは何なのであろうか．たとえば，椅子に座っているときに，われわれは，足で床の確固たる抵抗感を感じるし，尻で椅子の柔和な支持感を感じる．それらが，世界は物からできている，という信念を彼らに（そして私にも）与えているのである．「物」ということばを，それを理解しない人に，どう説明するのであろうか．

客観主義者，物理主義者，唯物論者が，世界は物で構成されているということを信じているのは，力学の数式に根拠があるのではなく，日々，身体が経験している抵抗感，支持感に根拠がある．われわれが「物」ということばで理解しているのは，このようなイメージの総体なのである．したがって，われわれは「世界が物で構成されている」という文章を理解するときにもつ漠然としたイメージより先には進めないのである．

想像力と深い関係にある比喩（メタファー）も想像力と同様，思想史上ではあまり良い扱いを受けてこなかった．近世イギリスの哲学者ロックの発言を引用しよう［Locke 74］．

> 「もしわれわれが，あるがままの事柄を語ろうとするなら，秩序と明晰さを除いて，あらゆるレトリックの技巧，雄弁術が案出したあらゆる人為的，比喩的な語の応用は，ただあしき観念を注入し，情念をかき立て，それによって判断を誤らせる以外に役立たず，したがって完全なまやかしである．…人間はいかに欺いたり，欺かれたりすることを好むかは明らかである．というのも，誤謬と欺瞞の強力な道具であるレトリックは，れっきとした教師を持ち，公的に教授され，つねに名声を博してきたからである．」

多くの哲学者は，想像力やメタファーを嫌う．何人かの哲学者はメタファーを追放しようとしたが，結局のところメタファーは追放できないのである．著名な哲学者の文章を少しのぞいてみよう．以下は，その1例である［Wittgenstein 78］．

> 行うことそれ自体は，いかなる容積の経験も含まないように見える．…「私は行う」はいかなる経験からも絶縁された，確固たる意義を持っているように見える．

上記の表現には，比喩（メタファー）が存在する．「容積の経験」「含む」「絶縁された」「意義をもつ」である．上の文章は，わかるといえばわかるが，少し気持ち悪さが残る．上の文章の比喩的部分を理解するには想像力を用いる必要がある．宗教的言説，文学，詩ならば良いが，客観的，公共的，科学的な議論を目指すのならば，メタファーの使用に関して，もう少し禁欲的になる必要があるだろう．あいまいな表現，記述は，追放されるべきであるが，追放できないのであれば，メタファーの使用を整理する必要がある．

5.4 想像力批判

　人間の認識，言語行為の現場を直視するならば，その基盤ではこの曖昧でいい加減で不透明な想像力がうごめいていることを認めざるを得ない．想像力抜きでは認識，言語行為は不可能なのである．想像力抜きで，認識，言語行為を語ることはできないのである．現に，この本自体を読んで理解するのに，読者の想像力がうごめいているであろう．

　想像力が曖昧で，不透明ならば，その想像に基づくわれわれの認識，言語行為も，やはり，曖昧で不透明なのである．したがって想像力を認識，言語行為の基盤として，認めることによって，哲学（者）が好む，絶対性，厳密性，透明性等はある程度失われるであろう．しかし，想像力が人間の認識，言語行為に不可欠であるのだから，自らの好みに合わずとも，その事実を認め，絶対性，厳密性，透明性等が失われるのを受け入れざるをえないのである．

　しかし，われわれは，想像（力）の曖昧さをそのまま甘受するわけではない．可能な限り，想像（力）の曖昧さを排除すべく想像（力）に関する知見を得べく努力しなければならない．それは，1つには，上述した非侵襲計測による想像に関する実験科学的知見の獲得であるが，これだけではない．もう1つは想像に関する批判が必要である．

　たとえば，人工知能に関する議論で，サールの「中国語の部屋」という思考実験がある．そこでは，英語しか理解できない人間が部屋にいて，中国語に関する文章の変換規則の本があり，その本の規則にしたがって，中国語の受け答えができるという設定である．この人は，英語しかわからないにもかかわらず，中国語の質問に中国語で答えることができるが，この人は，はたして中国語を理解しているといえるだろうか．この「中国語の部屋」に関しては，賛否両論がある．

　理解しているかどうかはさておき，この思考実験の中では，部屋の中の人間が変換規則の本を用いてすばやく中国語の受け答えをするのを想像せねばならない．「すばやく」というのは，「通常の会話の速度で」ということであろう．しかしながら，変換規則の本を用いて，通常の会話の速度で対応できるであろ

うか．筆者は不可能であると思う．したがって，上記の「想像してみよう.」という誘いに安易に乗ってしまってはいけないと思う.「そのようなことは想像できない.」と拒否すべきではないであろうか．もちろん，「想像できる.」という人もいよう．したがって，想像できるかできないかを議論する必要がある．哲学では，このような思考実験が散見されるが，そこでは，想像力が正しく使われているのであろうか．想像力を正しく使用するための想像力批判が必要であると考える．

　哲学の歴史では，過去，人間の能力に関する 2 度の批判があった．1 つ目は，カントによる理性批判である．宇宙の無限性や，神の存在等を例に出して人間がこれらに白黒をつける能力を有しているかという議論をした．すなわち，われわれ人間はどこまで知りうるかを議論した．理性批判であり，理性の限界設定である．

　2 つ目は，ウィットゲンシュタインの言語批判である．彼は，人間はことばでどこまで語りうるのかを議論した．言語批判であり，言語の限界設定の議論である．言語理解には想像力が必要なので，筆者は，想像力批判，すなわち，想像力の限界設定の議論が必要と考える．われわれはどこまで想像できるか？これを議論すべきであると考える．その内容は，本書の主題から外れるので，他書に譲りたい．

6 想像できるロボットをめざして
－身体性人工知能(Embodied AI)－

6.1 ロボットがことばを自律的に理解するためには

筆者が，友人に「ロボットが話すためには，どうしたら良いかを考えているんだ.」と話したら，「もう，話しているじゃない.」といわれた. 確かに，テレビでは，会話をするロボットも現れている. だから，確かに，ロボットは話しているのだが，それは限られた話題に関してのみである. 現在でも，ロボット，それにコンピュータでも会話はできる.設計者が組み込んだプログラム通りに，会話の受け答えはできる. しかし，そのプログラムに盛り込まれていない話題や状況になると，ロボットもコンピュータも受け答えできなくなる. 限られた範囲では，応答できるが，それ以外では応答できないのである. そこで，それ以降，筆者は「ロボットが自律的に話すためにはどうしたら良いかを考えている.」ということにした.

ロボットが自律的に話すためには，発声機構や聴覚機構が必要であるが，これらは，すでに実用的なレベルに達している. また構文処理も高度なレベルに達している. しかしながらロボットが自律的に話すには，話す必要がなければならないので，言語行為を伴う仕事（タスク）が必要であるし，どういう状況

にあるかを把握しなければならないし，他のロボット（もしくは人）と協調する必要もある．これらを可能にするにはロボットがことばを自律的に理解していなけれなならない．したがって自律的に話すための最大の障害の1つは，ロボットがことばを自律的に理解できないことである．ここでは，ロボットがことばを自律的に理解することに焦点を当てる．

6.2　ロボットのこころを実現するための新しい構造　-身体性構造-

今までの議論に基づくと，人間の言語処理のためには仮想的身体運動が必要なので，人間と同様に自律的にことばを話すためのロボットの構造原理は，以下のようになる[Tsukimoto 01b]．

> 言語記号処理のプログラム（回路）は，感覚運動のプログラム（回路）を一部分として含む．もしくは，複数の感覚運動のプログラム（回路）は言語記号処理にも流用せねばならない．

これは，感覚運動プログラム（回路）はそれを（仮想的に）動かすことによって，記号内容であるところのイメージを生成することで，言語記号処理に寄与するということである．このような構造原理を身体性構造（Embodied architecture）原理という．この構造は，言語記号処理と感覚運動処理を基本的に別々のものとして独立に扱う従来の主流の構造とはまったく異なる．図6-1，6-2，6-3を参照．

Subsumption architecture（包摂構造）の提唱者であるブルックスは，「人工知能は，ロボットで実現されるべきである．」と主張しているが，この主張に関しては，本書の身体性人工知能（Embodied AI）と同じであるが，構造に関しては，同じではない．

図 6-1　従来の構造

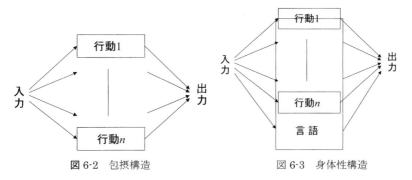

図 6-2　包摂構造　　　　　　　図 6-3　身体性構造

図 6-3 の身体性構造では，他の複数の行動モジュールに言語モジュールがかぶさる形になるが，包摂構造で言語機能を実現するならば，図 6-2 でいくつか存在する行動モジュールのどれかが言語モジュールになるのであろう．しかしながら，筆者が知る限りでは，ブルックス等は，包摂構造で言語機能を実現するということを余り考えていないようである．ところで，図 6-3 の身体性構造は，図 6-2 の包摂構造の上に言語機能を付加しているが，図 6-1 の従来型構造の上に言語機能を付加するような身体性構造も可能である．従来型構造に基づく身体性構造の実現方法はいくつか考えられるが，その 1 つは図 6-4 に示すように，単純に言語モジュールをかぶせる方法であろう．

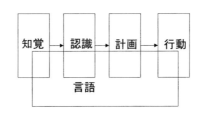

図 6-4　従来の構造に基づく身体性構造

6.3　身体運動意味論

　従来の人工知能の代表的な意味論は，モデル意味論であるが，身体性人工知能では，ことばの意味とは，（その語によって引き起こされる）（仮想的）身体運動である．これを身体運動意味論（Embodied semantics）という．語の意味に

は，種々の説があるが，語の意味に関する代表的な説を以下に列挙する．

　　語の意味とはその指示対象である．（指示対象意味論）

　　語の意味とは，その心的イメージである．（イメージ意味論）

　　語の意味とはその用法である．（用法意味論）

　これに沿って，以下に，いくつかの例で身体運動意味論を説明する．

　指示対象の例として，「犬」をあげる．「犬」の（身体運動意味論での）意味は，「犬」という線画もしく音によって惹起される眼球等の（仮想的）身体運動である．眼前に犬が存在しないときは，「犬」の意味は，犬を見ることによる眼球等の仮想的身体運動，すなわち犬のイメージである．犬のイメージとは，犬の画像的イメージばかりでなく聴覚的，嗅覚的イメージも含む．眼前に犬が存在するときは，その犬を見ることに伴う眼球等の身体運動である．

　犬のイメージは，眼球等の仮想的身体運動であるが，犬を想像するときに活性化する神経回路網と，実際の犬を見るときに活性化する神経回路網は基本的に同じである．違いは，前でも述べたように，実際の犬を見るときには筋肉からのフィードバック信号があるということと，実際の犬を見るときの方が多くのパルスを筋肉に送っているということである．

　次のような状況を考えよう．

　　①　犬が眼前にいない

　　②　チワワが眼前に現れた．

　　③　チワワが背後に周り，秋田犬が現れた．

　　④　チワワも秋田犬もどこかに去り，再び，眼前には犬はいなくなった．

　上記の4個の状況を，（仮想的）身体運動の状態で記述すると，以下のようになる．

　　①′仮想的身体運動（想像）：現実に犬がいないので「犬」の意味は犬（のプロトタイプ）のイメージである．

　　②′身体運動と仮想的身体運動（想像）：現実の犬が眼前にいるので「犬」の意味は，眼前にいるチワワを見るための身体運動でもよいし，犬（のプロトタイプ）のイメージ（仮想的身体運動）でも良い．

　　③′身体運動と仮想的身体運動（想像）：現実の犬が眼前にいるので，「犬」の意味は，眼前にいる秋田犬を見る身体運動でもよいし，犬（のプロト

タイプ）のイメージでも良い．秋田犬とチワワでは，大きさ等が異なるが，それらを見るための，眼球等の身体運動は基本的に同じ．

④′仮想的身体運動（想像）：現実に犬がいないので「犬」の意味は犬（のプロトタイプ）のイメージである．

　仮想的身体運動と身体運動は神経活動的には基本的に同等であり，現実の犬と犬のイメージを，神経活動の観点からは同等に扱って良いので，上記の①から④までのあいだは，犬がいようがいまいが，その種類が異なろうが，身体運動意味論の意味は不変である．前述したが，犬のイメージとは，犬のプロトタイプのイメージであり，これは，あいまい（ファジー）なものである．

　このように，イメージの犬と現実の犬は別物であるが，犬を想像するときに活性化される神経回路網と犬を見るときに活性化される神経回路網は，基本的に同じなので，仮想的身体運動と身体運動を基本的に同等に扱え，したがって，イメージ意味論も指示対象意味論も同等に扱えることになる．このように，身体運動意味論は指示対象意味論とイメージ意味論を基本的に統合する．

　事故や病気で身体のある部位が失われて身体運動が部分的にできなくなっても，多くの場合は，仮想的身体運動である想像は可能である．なぜならば，失われた身体の部位を動かす脳の神経回路網が破損していないからである．したがって多くの場合，身体のある部位が失われても仮想的身体運動ができるので，想像ができ身体運動意味論の意味には影響を及ぼさない．

　しかしながら，脳の神経回路網のある部位が破損すると想像ができなくなり，身体運動意味論での意味に影響を及ぼす．たとえば，なんらかの脳の疾患（痴呆もしくは失語症）の患者では，ことばの意味がわからなくなる．この場合には，たとえば「犬」は無意味は線画になり「イヌ」という音は無意味な音になる．このように身体運動意味論は主観的な意味論である．

　主観的といっても，前にも述べたように，われわれの身体は基本的に共通なので，その制約の中で主観的であるということである．さらに，われわれは，会話等でお互いの理解が一致していることを確認したり，お互いの理解が異なるときは，その理解をあわせるようなことを，日常的に行っている．このようにして，主観的な意味はそれなりの客観性を獲得しているのである．

図 6-5 犬

図 6-6 重い

心的イメージの例としては「重い」をあげる.「重い」のイメージは, 言語的に表現が不可能か非常に難しい. いわゆる暗黙知といわれるような「知識」である. しかしながら, われわれは,「重い」を理解している. それでは, その内容は何か.「重い」によって惹起される漠然とした感覚である. それは, 過去に自分の身体が大きいダンベルや石などの物を持ち上げたときの体験などによって獲得された感覚である.「重い」の意味は,「重い」によって惹起させる仮想的身体運動であり, これは, 感覚質（クオリア）である.「赤い」のイメージも同様に感覚質である.

実際に石を持ったときの重さとイメージの重さの違いは, 実際に石を持ったときには,身体の筋肉を動かすために脳から大量のパルスを筋肉に送ることと, 筋肉からフィードバック信号が脳に送られてくることと, 石の重さで末梢神経が活性化していることに対し, 重さをイメージするときには, これらが存在しないことである. また, 実際に赤色を見るときと赤色をイメージするときの違いは, 抹消神経が活性化するかどうかの違いである.

図 6-7 挨 拶

　用法の例としては挨拶をあげる．たとえば「おはようございます.」の意味は，それを発声するときの身体運動である．このように考えると，身体運動意味論は，語の意味は語の用法であるという意味論をも基本的に統合する．

　身体運動意味論と身体性構造原理に基づく人工知能を身体性人工知能という．

6.4　記号表現と記号内容の結合

　自律的にことばを話すロボットでは，記号表現は，それに対応する記号内容，すなわち（仮想的）身体運動に結合されねばならない．たとえば，「犬」という音もしくは線画は，犬を見るときに使われる感覚運動回路に結合される．そして，「犬」という音もしくは線画がロボットに入力されれば，犬を見るときに使われる感覚運動回路を仮想的に動かすことができねばならない．「重い」という音もしくは線画は大きい石を持ち上げる等の動作をする時に動く感覚運動回路に結合されねばならない．ロボットに，「重い」という文字もしくは音が入力されると，ロボットは大きい石を持ち上げる時などに使う感覚運動回路を仮想的に動かせねばならない．「おはようございます.」も同様に，それを実行する感覚運動回路と結合されて，それが入力されると，その回路を仮想的に動かせねばならない．

　ここで，ひとつ注意すべきことがある．仮想的身体運動は外部から観測不可能である．たとえば，われわれは他人がどのようにイメージしているか知ることはできない．すなわち，われわれはイメージを科学的客観的に扱うことはできない．同様に，ロボットが適切にイメージしているか，すなわち適切に仮想的身体運動をしているかを従来の客観性の基準で知ることはできない．したがって，音や線画の記号表現と感覚運動回路との結合の正否は外部から観測可能な範囲でしか知り得ない．たとえば，あるロボットで，「赤」という音と「青」の感覚運動回路が結合して，「青」の音と「赤」の感覚運動回路が結合しても，われわれが外部から観測している限りでは，矛盾がないということが起こり得るかも知れない．

　従来の自然言語処理，とくに構文処理はもちろん必要である．それでは，従来の構文処理と身体運動意味論は，どのような関係にあるのであろうか．従来

の構文処理は，記号表現の処理にかかわり，本稿の身体運動意味論にもとづく
処理は，記号内容（イメージ）にかかわる．従来の構文処理が記号表現を用い
て構文処理を行い．同時に，身体運動意味論の処理がイメージ（記号内容）処
理を行う．

　記号表現と記号内容（イメージ）は，人間の場合には，記号表現が入力され
ると，それに関連のあるイメージが想起され，記号表現とイメージの両方に基
づいて，人間は言語記号処理を行う．発話の場合にも，記号表現とイメージの
両方を用いて言語記号処理を行う．

　他人から聞いたことばを別の他人に伝える時などが，良い例であるように，
われわれは，しばしば最初の他人から聞いたことばを（記号表現的に）正確に，
別の他人には伝えない，もしくは伝えられない．これは，記号表現そのもので
理解（もしくは記憶）しているだけなのではなく，記号内容（イメージ）で理
解（もしくは記憶）しているからである．だから，聞いてからしばらく経った
時に思い出したイメージ（記号内容）に基づいて，ことば（記号表現）を発す
るので，聞いた時と話すときでは異なることば（記号表現）になるのである．

4, 5人の代議士が　　　　数人の政治家が取っ組み　　　たくさんの国会議員が
言い争いをしていた　　　合いのけんかをしていた　　　殴り合っていた

図6-8　伝　　言

　ロボットでも同様に，記号表現が入力されると，それに対応する記号内容（イ
メージ）を生成できねばならないし，逆に，なんらかのイメージが生成された
場合には，そのイメージに対応する記号表現が生成できねばならない．すなわ
ち，記号表現と記号内容（イメージ）の相互結合が必要になる．この結合は，
記号表現が音とか線画とかであるのに対して，記号内容は，回路もしくはプロ
グラムであるということに注目する必要がある．ある入力された音と，ある感
覚運動回路（プログラム）とを結合するのである．もし，連想回路のようなも
のでこれを実現するのであれば，従来の連想回路の入力が絵であり，出力が絵
であるようなものが多いが，この連想回路は，入力が絵で，出力がプログラム

（回路）のようなものになる．

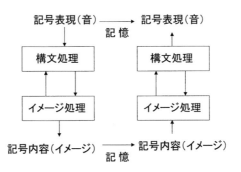

図 6-9　記号表現と記号内容の結合

多くの問題が未解決である．その中で重要な問題は以下の通りである．

1. どのように感覚運動回路でイメージを作るか．すなわち，実際の運動に使われる感覚運動回路をどのようにして仮想的に動かすことができるか．人間の場合には，筋肉に送るパルス数を減少させることでこれを実現している．ロボットでは，どのような機構で実際の運動を起こさずに，イメージを作れるか．

2. どのような方式で，イメージ（仮想的身体運動）と記号表現（音，線画）を結合するか．

3. どのように個々のイメージと個々の記号表現の結合をロボットに獲得させるか．すなわち感覚運動回路で生成された個々のイメージ（記号内容）と個々の記号表現の結合をロボットが外界との相互作用等で獲得せねばならない．人間の場合では，それは長い期間の学習，訓練で獲得している．

　上記の問題がある程度解決されても，なお（現状の）ロボットのセンサーとアクチュエータの数が人間に比べて少ないという問題が残る．アクチュエータに関しては，人間が 100 個から 200 個程度であるのに対し，（現状の）ロボットは数 10 個である．もう少しがんばれば，ロボットも人間並になれるであろう．しかしながら，センサーに関しては，人間が数万個あるのに対して（現状の）ロボットは数 10 個である．この差は大きい．近いうちにどうにかなるという差ではない．しかし，人間の数万個のセンサーの大半は触覚である．触覚を人間

と同様の詳細さで実現する必要があるのかという疑問も出てこよう．確かに，ある程度触覚（センサー）を間引いても，イメージを作る上での障害にはならないかもしれない．

　現状のセンサーとアクチュエータの数で，ロボットがイメージを作れるかと言われれば，筆者はイメージできる，と答えるが，そのイメージは人間のイメージに比べるとかなり貧弱なものになるであろう．人間並のイメージにするには，センサーとアクチュエータの数を増やさねばならないと思う．それでは，どのくらい用意すれば人間並のイメージができるのであろうか．この問題は，イメージ能力もしくは（自律的）言語能力とセンサーやアクチュエータの（数の）関係の問題であるが，これは今後の課題である．

7 ロボットが抽象的なことばを理解するには

 7.1 抽象的なことばはメタファーを通してイメージに結合される

7.1.1 はじめに

　抽象的なことばはどうなるのであろうか．抽象的なことばは，現実的な物理世界に対応物がないので，われわれは，（仮想的）身体運動ができない．まず，抽象的な表現の 1 例を見てみよう．次の文は［瀬戸 95a］に載っている「人工知能と人間［長尾 92］」の一部分である．

> 　人工知能研究は人間の知的活動がどのようなものであるかをコンピュータプログラムで模擬的に実現することによって，その内容を明らかにしようとするものである．これは公理論的立場，経験主義的立場のいずれにも共通しており，両者ともにこれを実現するのに記号を基礎におく．これには記号論的立場の記号という意味が含まれてはいるが，もっと単純にアナログに対するディジタルという意味合いが強い…．

上記の文中のメタファーは，次の通りである．

　　［も　の］：存在のメタファー

　　［内　容］：容器のメタファー

　　［明らか］：視覚のメタファー

　　[立　場]：空間のメタファー
　　[共　通]：空間のメタファー
　　[両　者]：擬人のメタファー
　　[基　礎]：建築のメタファー
　　[含まれ]：空間のメタファー
　　[対する]：空間のメタファー
　　[強　い]：力のメタファー

　この例からもわかるように，抽象的な表現は一般的にメタファーに基づく表現である．他に，換喩（メトニミー），提喩（シネクドキ）がある．メトニミー（換喩），シネクドキ（提喩）について簡単に説明しておく．

　メトニミー（換喩）とは，現実世界の中での隣接関係にもとづくたとえである．たとえば，月光仮面は，月光仮面そのものを指すのではなく，月光仮面をかぶったおじさんのことを指す．このおじさんと月光仮面は現実世界で隣接関係にある．また，永田町は，東京都千代田区の地名である．普通の人も住んでいるが，国会議事堂や自民党本部がある．現在では，国会議員の世界のことを意味する．たとえば，「スキャンダルで永田町がゆれている」とかいわれるが，別に，永田町が地震とかで物理的にゆれているわけではない．スキャンダルで国会議員が騒いでいるということである．国会議事堂や自民党本部と永田町は現実世界で隣接関係にある．

　シネクドキ（提喩）とは，意味世界における包含関係にもとづくたとえである．たとえば，日本ではご飯をたべるというが，白い米だけを食べるわけではない．米（飯）は食物の1つである．米（飯）で食事を意味する．また，花見であるが，これは，桜の花を見ることを指す．桜は花の1種である．

　メタファー，メトミニー，シネクドキの中でもっとも重要なのは，メタファーである．言語学の研究者には，メトニミーの方が重要であるという人もいるが，ここではメタファーに焦点を当てる．

　メタファーは基本領域とそれが投射される応用領域から構成されている．図7-1を参照．基本領域とは，その領域が他の領域のメタファーで基本的に表現されないものである．別のいい方をすれば，基本領域は（仮想的）身体運動で構成されるものである．たとえば，空間の内外（包含）であるが，これは，他

の領域のメタファーで表現されないものであり，この内外（包含）の（イメージ）理解は，記号，言語の世界では遡及不可能であり，身体，現実世界にその（イメージ）理解の基盤を求めねばならない．われわれが，包含を理解できる基底に存在する事実は，われわれ（の身体）がこの3次元空間に袋として存在していることである．

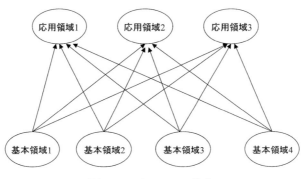

図 7-1　メタファーの構成

　基本領域に関しては，研究者ごとに異なるのが現状である．たとえば，レイコフ[Lakoff 80]，ジョンソン[Johnson 87]，瀬戸[瀬戸 95b]等がいくつかの領域をあげているがそれぞれ異なる．ジョンソンが列挙した基本領域は以下の通りである[Johnson 87]．

　　容器，妨害，力の可能性，道，周期，部分－全体，充満－空虚，反復，表面，バランス，対抗力，牽引，つながり，遠－近，境界，適合，接触，対象，強制，制止の除去，質量計算，中心－周縁，はかり，分割，重ね合わせ，過程，集められたもの

　応用領域とは上記の基本領域が投射される抽象的な領域であり，たとえば，経済，教育，政治等の領域がある．これらの領域のイメージは基本領域のイメージの組み合わせで構成される．

　抽象的表現の身体運動意味論での意味は，その表現で惹起されるイメージであるが，抽象的表現は，直接的に（仮想的）身体運動ができないので，メタファー機構を通じて，その抽象的な表現が属す応用領域を，基本領域の（仮想的）身体運動で代用することになる．たとえば「株価が上がる．」の「上がる」は物

理世界での身体運動である．株価という経済領域（抽象領域）を物理世界の身体運動で代用している．

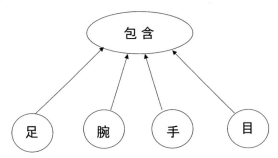

図 7-2 メタファーの基本領域は複数の感覚運動回路で作られる

7.1.2 メタファーの基本領域の形式と構造

各基本領域にはその形式もしくは構造が存在する．ここで，形式とは代数的に，もしくは論理的に記述されるものをいう．構造とは，雑ないい方だが，不明確な形式程度の意味である．実際の表現では，形式が離散的な記号の集合とその操作系であるのに対し，構造は連続的な記号の集合とその操作系である．また，形式は構造の特殊な場合である．たとえば，ニューラルネットワークは，形式はないが構造はある，となる．

包含は，命題論理として形式化される．また，空間メタファーで包含の次に基本的なメタファーであると考えられる上下に関する形式の1つは，上下を導入したベン図，すなわちある方向に非対称なベン図の包含に関する命題論理と同様の形式的な体系になるであろう．別の形式としては様相演算子を用いた形式も考えられる[Johnson 87]．

たとえば，建築の基本領域の形式（構造）としては，設計，基礎，主構造（床，壁，屋根），副構造（柱，窓，ドアなど）等が考えられる．包含の基本領域は命題論理で形式化できるが，建築，道等の多くの基本領域は包含と比較すれば複雑なので，命題論理のようにきれいにもしくは単純に形式化できないであろう．したがって，多くの基本領域は，人間では，神経回路網で構造化されているであろう．

認知言語学の研究で，われわれ自身は形式的な構造ではなく，プロトタイプ，

家族的類似性に基づく「ファジー」な構造を用いていることが判明されつつある[Taylor 95]．このプロトタイプとは典型例であり，家族的類似性とは，古典的な集合論のように，ある族に所属するか所属しないかが明確に決定されるような集合ではなく，一種の「ファジー」的な集合を形成していることである．

　基本領域の構造は，たとえば，ニューラルネットワークの学習で可能であれば，それに越したことはない．ロボットの腕や，脚を動かすプログラム（回路）をニューラルネットワークで構成して，ロボットを適当な環境に置いて動かすことで，ニューラルネットワークの学習を行えれば良い．しかしながら，われわれ人間は，遺伝で生得的に有しているものに基づいて経験から学習している．遺伝的なもの，生得的なものに多くの部分を依存しているように思われる．したがって，ロボットでの基本領域の構造や形式に関しても，ロボットと外界との相互作用にもとづく学習に多くを期待するというよりは人間（設計者）がある程度(結構これが大きいと思われるが)作り込んでおく必要がある思われる．

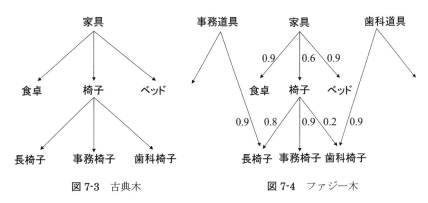

図 7-3　古典木　　　　　　　　図 7-4　ファジー木

7.1.3　応用領域への組み合わせ的投射

　「その基礎理論を構築するためには語彙を階層的に整理する必要があるが，まだ，案を練り上げている段階であるが，その作業は壁にぶつかっている．その理由は，新説を立てるだけの柱になる理論がないからである．」上記の文は，何かの理論に関する文章であるが，「理論」に関する形式（構造），すなわち「理論」に関する基本概念の体系は，基礎，構築，階層，練り上げる，段階，壁，立てる，柱，等の「建築」の用語から構成されている．したがって，「理論」に

関する形式（構造）は「建築」の形式（構造）を流用していることがわかる．すなわち，「建築」の形式（構造）を「理論」に投射しているといえる．

また「その基礎理論を育てる」等の表現もあるので，「理論」の形式（構造）には「教育」の形式（構造）も投射されていることがわかる．「理論」固有の形式（構造），すなわち他のより基本的な領域の形式（構造）に還元できないような概念体系も部分的には存在するだろうが，「理論」の形式（構造）の多くの部分は，「建築」と「教育」等の形式（構造）が投射されて組み合わされたものである，といえる．「理論」以外でもたとえば「考え」（「理論」に似ているが）にもさまざまな（基本）領域が投射される．その領域はたとえば「たべもの」，「植物」，「商品」，「資源」，「お金」，「ファッション」である［Lakoff 80］．

ある応用領域がどの基本領域（「建築」，「教育」，「たべもの」，「植物」，「商品」，「資源」，「お金」，「ファッション」等）で構造化されているかは，その時の状況に依存する．たとえば，「理論」でも理論の構成を主眼にしているときは主に「建築」の構造で「理論」が構造化されるであろうし，理論の歴史，展開等を主眼にしている時には主に「教育」の構造で「理論」が構造化されるであろう．

したがって，ある領域がある時点でどのような構造になっているかは，すなわち，どのような（複数の）基本領域の構造が投射されているかは，その領域の問題でもあるが，その領域の外側の問題，すなわち現実の人間の集団が行っている会話，議論等の主題，関心の問題であるともいえる．投射は（言語）行為に，すなわち状況に依存する．

この投射が頻繁に使われているのが，死んだメタファーであり，あまり使われないのが生きたメタファーである．そして頻繁過ぎて固定化されたような投射は死んだメタファーというよりは，基本領域に戻ることが語源を知ることになるようなものであろう．さらに初めて使われるような投射は文学的（創造的）なメタファーである．

語源をたどるようなメタファーの例としては，「矛盾」がそうであろうか．矛盾は，昔の中国の話で，ある人（多分，武器の商人）が「この矛（ほこ）は，どんな盾（たて）をも射抜く．」「この盾はどんな矛にも射抜かれない．」といったときに，それを聞いていた人が，「それでは，その矛でその盾を射したときはどうなるのか？」と質問したら，答えに窮したことに由来する．しかしながら，

「矛盾」という言葉を使うときに，いちいちこのような話を思い浮かべはしない．死んだメタファーの例としては，「大久保総理大臣が失脚した.」がそうであろうか．別に，この文中の「失脚」は物理的に脚を失うことではなく，政治家としての立場を失うことを意味する．生きたメタファーの例としては，「田中角栄はコンピュータつきブルドーザだ.」が，そうであろうか．文学的メタファーは「わたくしという現象は仮定された有機交流電燈のひとつの青い照明です［宮沢 79］」がそうであろうか．

図 7-5 に一般的な抽象的表現の図を示す．図 7-6 に応用領域が経済であるときの一例を示す．

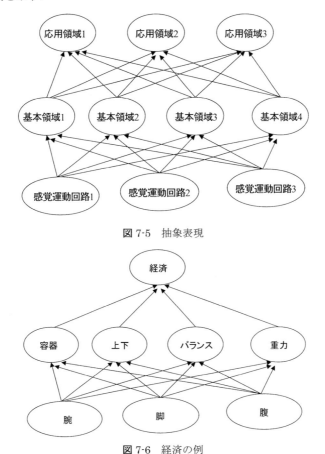

図 7-5　抽象表現

図 7-6　経済の例

応用領域が基本領域で構造化されることについて簡単に述べておく．たとえば，包含の基本領域の形式によってある応用領域が構造化されるとは，その応用領域が包含の形式である命題論理で語られる，すなわち推論されるということである．たとえば，その応用領域のある文に対して命題論理の推論規則を適用して別の文を導く，ということである．構造化は静的な面であり，その動的な面もしくは運用的な面が推論であるといえる．

基本領域と応用領域の部分を，メタファーに基づく人工知能（Metaphor Based AI）という．この部分は感覚運動回路による部分がない．身体性人工知能とメタファーに基づく人工知能の差は，感覚運動回路の部分の有無である．

7.2 経験の形式としてのメタファー

今までの議論で，思想やこころ等の抽象的な領域，すなわち，応用領域の構造や形式は，あらかじめ客観的に存在するというよりも基本領域の構造や形式が投影されることにより構造化される，もしくは形式が与えられるという面が強いことがわかった．そうすると，われわれは，ある形式に従ってしか語れない，認識できない，経験できない，ということになる．

想像に関してはどうであろうか．想像できるということは，実際の経験と形式を共有していることであるといえる．想像するとは，実際に経験，知覚した事柄を用いて，色，形，大きさ，組み合わせを変えて適当なイメージを作ることである．そしてそのときに実際の経験，知覚と共有しているものがあり，それはその形式である．そしてその形式を有する経験は可能的な経験であるともいえる．そのような形式を持たないような事柄を想像することはできない．

基本領域の形式（構造）は，経験の可能性の条件，すなわち経験の形式と呼ばれるものと同等である．経験の形式とはわれわれ人間が外界，対象，世界をどう理解し，経験しているかの枠組であり，有意味な経験はかならずその形式を有しているような形式のことである．たとえば，内外の形式である．内外，すなわち包含は，われわれ人間が3次元世界の皮膚で区切られた容器であることに，その理解の基礎がある．

その形式や構造は，経験から得られるのではなく，逆に経験を可能にしてい

るもの，もしくはそれを通してしか経験できないような経験の制約として機能
する形式のことである．そして，その経験の形式とは，カントの先天的な認識
形式［Kant 87］の拡張である．

これは，文化，言語に依存している形式と依存していない形式がある．後者
は基本的に，人間に共通な身体に依拠していると思われる．まずカントの認識
論を概観し，その認識の形式が，拡張，転換されることによって，われわれが
求めている経験の形式になることを述べる．そしてそれは，レイコフ，ジョン
ソン［Lakoff 80］以来注目されてきている類いの経験を可能にしているようなメ
タファー，すなわちそれなしでは経験自体が成立しないようなメタファー
［Lakoff 87］，［Johnson 87］，［Lakoff 99］のことであることを述べる．そして論理
もそのメタファーの 1 つであることをのべる．

7.2.1 先天的な認識の形式について-カントの理論-

カントは純粋理性批判で経験を可能にしているような条件，形式を明確にし
ようとした．理性がどこまで語り得るのかを，すなわち理性の限界を設定しよ
うとする試みを行おうとした．このような試みの動機は，ニュートン力学で決
定論的に記述されては人間の主体性，自由などがなくなるので，人間の主体性，
自由を確保したかったカントとしては，理性を理論理性と実践理性にわけて，
理論理性は現象界に，実践理性は物自体に関わるとし，人間の主体性を救おう
としたのである．このような動機はさておいて，理性の限界設定に関わる議論
は，今日でも示唆に富むものであり，その有効性は否定できない［Strawson 66］．
純粋理性批判の緒言の冒頭を以下に引用する［Kant 87］．

> われわれの認識がすべて経験をもって始まるということについては，いささ
> かの疑いも存しない．われわれの認識能力が，対象によって喚びさまされて初
> めてその活動を始めるのでないとしたら，認識能力はいったい何によって働き
> 出すのだろうか．対象はわれわれの感覚を触発して，或はみずから表象を作り
> 出し，或はまたわれわれの悟性をはたらかせてこれらの表象を比較し結合しま
> た分離して，感覚的印象という生の材料にいわば手を加えて対象の認識にする，
> そしてこの認識が経験といわれるのである．それだからわれわれのうちに生じ
> るどんな認識も，時間的には経験に先立つものではない，すなわちわれわれの
> 認識はすべて経験をもって始まるのである．
> しかしわれわれの認識がすべて経験をもって始まるにしても，そうだからと

いってわれわれの認識が必ずしもすべて経験から生じるのではない．その訳合いは，恐らくこういうことになるだろう，すなわちわれわれの経験的認識ですら，われわれが感覚的印象によって受け取るところのもの[直観において与えられたもの]にわれわれ自らの認識能力[悟性]が（感覚的印象は単に誘因をなすにすぎない）自分自身のうちから取り出したところのもの[悟性概念]が付け加わってできた合成物だということである．ところでわれわれは，長い間の修練によってこのことに気付きまたこの付加物を分離することに熟達するようにならないと，これを基本的な材料すなわち感覚的印象から区別できないのである．

　カントの議論は，われわれ人間が知覚，認識している通りに世界は存在しない，ということであり，われわれ人間は種々の知覚，認識の形式を有しているのであり，それらの形式は経験によって得られるのではなく，先天的に有しているのであり，われわれの知覚，認識はそれらの形式を通してしか可能ではないということである．すなわち，われわれはすべて経験から学ぶのではなく，その経験をそうとしか経験できないような先天的形式がわれわれに備わっているということである．別のいい方をすれば外界の存在の形式を人間の認識の形式に転換したのである．カントは自分の理論を経験的実在論であるけれども超越論的観念論であるといっている．これは経験的に，すなわち常識的に考えた場合の対象の実在性を否定はしなけれども，超越論的には，すなわちメタ的にはその対象の観念性を主張するものである．その先天的な認識形式は感性の形式と悟性の形式にわけられる．

　感性の形式としては時間と空間がある．3 次元空間は普通に考えれば世界の存在の形式である．しかしすこし考えてみれば，その 3 次元空間はわれわれ人間の認識形式であるかも知れない．すなわち，われわれ人間が世界をそう見ているだけで，「本当に」世界が 3 次元として存在していないかもしれない．ひょっとするとわれわれ人間より高等な知性が存在し，その知性にはこの世界は 6 次元に見えているかも知れないし，空間，次元とはまったく異なる枠組で世界と接しているかも知れない．

　悟性の形式としては，いくつかの純粋な概念であるカテゴリーと，そのカテゴリーを客観的に使用するための数個の原理がある．カテゴリーは以下の通りである[Kant 87]．

　1.　分量：単一性　数多性　総体性

2. 性質：実在性　否定性　制限性

3. 関係：付属性と自存性　原因性と依存性　相互性

4. 様態：可能性－不可能性　現実存在-非存在　必然性－偶然性

　このカテゴリーは現在でいえば論理である．現在の論理学との厳密な対応は取れないが，たとえば，分量は述語論理の存在記号，全称記号と関連し，関係は述語記号と関係し，様態は様相論理と関連する．当時の論理学のレベルからしても，カントのこのカテゴリーの部分にはそれほど忠実である必要はないであろう［山下 83］．後述するが，この部分は論理であり，その論理もメタファーの一種として取り扱う．原理に関しては以下の通りである［Kant 87］．

1. 直観の公理の原理：直観はすべて外延量である．

2. 知覚の先取的認識の原理：およそ現象においては感覚の対象をなす実在的なものは内包量すなわち度を有す．

3. 経験の類推の原理：経験は知覚の必然的結合の表象にのみ可能である．

   a. 第 1 の類推　実体の常住不変性の原則：現象がどんなに変化しようとも実体は常住不変であり，自然における実体の量は増しもしなければ減りもしない．

   b. 第 2 の類推　因果律に従う時間的継起の原則：一切の変化は原因と結果とを結合する法則に従って生起する．

   c. 第 3 の類推　相互作用或は相互性の法則に従う同時的存在の原則：およそ一切の実体は空間において同時的に存在するものとして知覚される限り完全な相互作用をなしている．

4. 経験的思惟一般の公準

   a. 経験の形式的条件（直観および概念に関する）と合致するものは，可能的である．

   b. 経験の実質的（感覚）と関連するものは，現実的である．

   c. 現実的なものとの関連が，経験との普遍的条件に従って規定されているものは，必然的である（必然的に存在する）．

上記の原理は，カントによれば，先天的な認識を基礎づける先天的な総合判

断というが，これは対象の対象性を可能ならしめるものとして捉えられ，それゆえ，上記の原理は対象の対象性の制約であり，換言すれば，経験一般の可能性の制約である[井上 84]．上記の原理は後述するメタファーにつながるものである．たとえば直観の公理の原理，知覚の先取的認識の原理は空間のメタファー，存在のメタファー，容器のメタファーにつながるものである．

7.2.2　経験の形式，メタファー

　ところでこのような形式は本当に先天的に人間に具備されたものなのであろうか．後天的に学習等で獲得した形式ではないのであろうか．これに関しても，多くの議論があり，後天的であるというものも，先天的であるというものもいる．しかし発達心理学的な議論，もしくは哲学的な議論をひとまずおいて発育終了後の普通の人間に話しを限定すれば上記の 3 次元空間のような経験の形式は「先天的」であるといって良いであろう．後天的であるか先天的であるかのいつ終わるともしれない議論に拘泥したくないので，そのような形式を発育終了後の通常の人間が有していれば良いとする．これは先天的認識形式の非先天的認識形式への拡張を意味する．このような拡張を行うことはカントの超越論的な認識の基礎づけという目的を放棄することを意味するが，それは，やむをえないと思う．

　つぎにその認識形式であるが，たとえば空間という形式が存在形式なのか認識形式なのかは議論のあるところであり，どちらが正しいかは決着がつかないかも知れない．本稿では，やはりこのような議論に捕らわれたくないので，これらの形式が存在形式か認識形式かは議論せず，経験の形式として理解しておく．たとえば，空間という形式が存在形式か認識形式かはわからなくても，われわれ人間の経験の形式であることは否定できない．すなわちわれわれ人間には世界は 3 次元に見えるのであり，われわれ人間は世界を 3 次元空間として経験，理解しているのである．

　さらに，経験の形式を究明するには，カントのように純粋意識だけの制約を考えているだけでは不十分である．知覚の制約としての身体，さらには人間の日常的な関心を究明する必要がある．そして客観的に妥当し得る経験の形式を求めるには，言語に先立つ意識，内観において問うのではなく，言語自身にお

いて問わなければならない[Apel 75]．したがって，もともとカントでは心理次
元にあった問題設定を心理次元から言語次元へ転換せねばならないことになる．

以上のように問題設定を転換すると，われわれの求める経験の形式とは，わ
れわれ人間の経験を可能にしているような，すなわちそれなしでは経験自体が
成立しないようなメタファーになる．そしてとくに死んだメタファーである．
ここでいう死んだメタファーとは「彼は1匹狼だ.」のような文学的なメタファ
ーではないという意味である．たとえば「彼女の気持ちは私に伝わって来なか
った.」は導管のメタファーである．「気持ち」が「彼女」と「私」をつなぐ導
管の中を「伝わって来る」と表現していて，「気持ち」を導管の中を流れるもの
としている．このようにメタファーでわれわれは表現するし，さらにいえばこ
のようなメタファーを用いずに表現することは困難もしくは不可能である．
[Lakoff 80]では，「思考過程はメタファーで成り立っている.」「概念体系がメタ
ファーによって構造を与えられ，規定されている.」と述べている．

7.2.3　半命題としてのメタファー

メタファーは，仮想的な身体運動であるイメージの言語的側面なので，イメ
ージが有している慣性，惰性等の物質性を，備えている．

多くのメタファーは，文ではあるが，必ずしも命題ではない．ここで，命題
とは，真理値をもつ文のことである．「彼は社長の犬だ.」を命題として扱い，
字義通り解釈すればこの文は偽である．また「彼女の気持ちは私に伝わって来
なかった.」も同様であり，この文を命題としてして扱い，「伝わる」を字義通
り解釈すればこの文も偽になってしまう．このように，メタファーを命題とし
て扱えば，メタファーはほとんど偽になってしまう．このように，メタファー
は命題として扱うことも形式的には可能であるが，そうすればわれわれの言語
行為が機能しないので，実質的には不可能である．このような文を半命題と呼
ぼう．メタファー等の半命題は，命題のように何らかの解釈（L1 → L2）に基
づいて現実世界に照らし合わせ（L2 → W1）て，真か偽かを判定されるよう
な文ではなく，その逆に，その文が真であるように現実世界を解釈（W1 → W2）
せざるをえないような文なのである．図7-7を参照[菅野 85]．

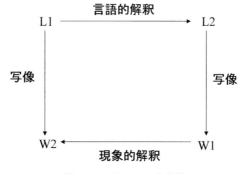

図 7·7   メタファーと世界

　このような半命題は，メタファー以外にもある．たとえば「私は人間である．」というような文である．この文を命題として扱おうとすることは可能である．すなわち，何らかの解釈に基づいて，この文を解釈して真か偽かを判定しようと試みることは可能である．判定を試みることは可能でも，判定するのは不可能であろう．われわれは自分が人間であるということを前提にして生きているのであって，このようなことを疑問の対象にすることはできても，それはそのようなことができるというだけで，現実にそのような疑問に答えることはできない．

　「私は人間である．」というような文は疑問の対象になるような文ではなく，むしろそれが真であるとしなければ，すなわち，そのように信じなければ，われわれ自身の生活，知識体系が成立しないような文である．すなわち，「私は人間である．」はわれわれの言語行為の前提であり，われわれの言語行為を支えているのである．

　このような文は，真偽を問われるのではなく，他の真偽を問えるような文，すなわち，命題を解釈するときに使われるような文である．多くのメタファーも同様であり，他の真偽を問える命題を解釈するのに使われるような文である．

　このように考えてくるとメタファーを始めとする半命題は従来のモデル論的意味論が問わずに所与のものとしてきた記号とモデルの対応関係を具体的に与えるものであることがわかる．すなわち，モデル論的意味論を補完するものであるともいえる．

7.2.4　記号定礎問題について

記号定礎問題（Symbol grounding problem）と呼ばれる問題がある［Harnad 90］. 記号は, 一見, 物理世界から浮遊してさまよっているのであるが, どのようにして, 物理世界に基礎を持っているかというような問題である.

身体性人工知能では, たとえば, 基本領域を包含（容器）とすると, この包含（容器）の基本領域のイメージはいくつかの感覚運動回路から構成される. そして, この包含（容器）のイメージはいくつかの応用領域のイメージに使われる. したがって, その応用領域の抽象的な記号は, 容器の基本領域とその容器の基本領域を構成する感覚運動回路を通して物理世界に基礎付けられるのである.

一般的にいうと,（言語）記号は, その記号内容であるところのイメージが仮想的身体運動であるので, 想像と身体を通して, 物理世界に基礎を定めることができる. このように, 記号定礎問題は身体性人工知能で基本的に解決される.

また, 記号は, すべて, 物理世界に基礎を定める必要はない. 挨拶等に代表されることばは, その代表例であろう. 記号が物理世界から遊離するのを, symbol ungrounding と呼ぶ［乾 01］.

7.2.5　メタファー理論について

ここでは, メタファー理論について簡単に述べる. 詳細は［瀬戸 95b］［菅野 85］［Johnson 87］等を参照.

「あの学者は政治家のようだ.」のように「ような」「ごとく」を用いた, ある物事を別の物事と比較して表現する方法を直喩という.「あの学者は政治家だ.」はメタファー（比喩, 隠喩）である. メタファーは, 直喩の「ような」「ごとく」が省略された短縮形であるというのが, 比較説である. 類似説ともいわれる. この説がもっとも長く受容されてきた説である. この説では,「A は B である.」の A の意味も B の意味もすでに確定していて, その 2 つを比較しているだけであり, メタファーによって新しい意味を創造するということはないとしている.

これに対して，リチャーズ[Richards 36]，ブラック[Black 55]等はメタファーおよびメタファー的想像力が，われわれの経験に新しい構造を創造すると主張した．すなわち，メタファーはあらかじめ存在する類似性を報告するのではなく，その類似性を現実に創造するのであり，メタファーはすでに存在する概念の単なる別の概念でのいい換えではなく，新しい概念の発見であり，創造なのである[菅野 85]．

メタファーに関する理論はレイコフとジョンソンの「レトリックと人生」[Lakoff 80]によって大きく転換した．彼らは日常言語の存在基盤にメタファーを見た．たとえば「意味が伝わらない」は「意味」を導管の中を流れるものとして表現している．すなわちここでは「導管のメタファー」を用いている．このような装飾としてではない日常のメタファー，思考や行動を条件付けている本質的・深層的認識への転換を彼らは強調した．

図 7-8　導管のメタファー

しかし瀬戸は「レトリックと人生」を以下の点で批判する[瀬戸 95b]．

1.　メタファーを偏重している．メタファー以外に，概念体系を構成すると考えられるものは換喩（メトニミー），提喩（シネクドキ）等いくつかある．換喩は世界の中での隣接関係に基づく意味変化である．たとえば「赤ずきん」は赤ずきんそのものを指すのではなく赤ずきんをかぶった女の子（赤ずきんちゃん）を指す．提喩は意味世界における包含関係に基づく意味変化である．たとえば焼き鳥である．焼き鳥の「鳥」は文字通りに鳥一般を意味するのではない[瀬戸 95a]．

2.　普遍性の観点が欠落．メタファーは言語に依存しているから，文化相対主義である．しかし文化普遍的なメタファーもある．

3.　メタファーの種類が未整理である．悟性，感性，空間，視覚等でメタファーを分類する．

1.に関してはその通りであろうが，ここではメタファーだけを考える．換喩，

提喩に関しては別稿で述べる．2.に関しては，文化相対的なメタファーもあれば文化普遍的なメタファーもある．文化相対的なメタファーの1例は，過去の経験であろう．

　　私は中国に行ったことがある．

　　I　have　been　to　China.

　日本語では存在のメタファーであるが，英語では所有のメタファーである．この文化相対的なメタファーは共約不可能性［Feyerabend 75］,［Kuhn 70］に通ずるものであろう．実際，われわれも他言語使用者と完全なコミュニケーションは取れていない．これはそういう事実に対応するものであるといえる．また文化共通のメタファーは内外（包含），上下等の基本的な空間メタファーであろう．これは身体等人間に共通な部分に由来するメタファーである．

7.3　ロボットの認識の形式

　今まで，ロボットが抽象的な表現を理解（想像）するにはメタファーの機構が必要であり，それで経験，認識が可能になるということを述べて来た．このメタファーの機構は，基本的な語彙の体系ともいえる．人工知能を構成するときに用いる基本概念の（語彙の）体系のことを人工知能では，オントロジーと呼ぶ［溝口 96,97］．オントロジーとは，そもそも哲学で，存在論であるので，人工知能でのオントロジーの用法はあまり適切ではないようだが，すでに流布しているので，そのまま用いる．

　メタファーの機構に基づく基本的な語彙の体系，すなわちオントロジーをメタファーに基づくオントロジーと呼ぶ．従来のオントロジーは，客観的なオントロジーであったが，メタファーに基づくオントロジーは主観的なオントロジーである［Tsukimoto 99］．

　なお，メタファーの研究は，現在，認知言語学等の分野で活発に研究されている．それに関しては，［Way 91］［Indurkhya 92］等の他書をご覧いただきたい．

7.3.1 なぜメタファーは必要か？

オントロジーの研究者も客観主義者が多いようである．筆者は，客観主義者であるオントロジー研究者とメタファーに関して議論をしたので，以下にそれを述べる．

たとえば「価格があがる」という表現では，経済もしくは金の領域のことが，空間の上下でたとえられているのであるが，その客観主義者は，これに関して，わざわざそのように考えなくても良いと主張する．そしてそれは，語源をたどるようなものであるという．机をなぜ机というかは，語源をたどるようなもので，その語源を知ることは，机の意味を知ることではない．机に関しては，確かにそうである．なぜならば，机は具体的な存在物だからであり，物理的に指示可能もしくは想像可能だからである．しかし，「価格があがる」は抽象的な表現であり，物理的に指示可能ではない．

そこで，価格という経済もしくは金の領域では，上下の表現は慣習的に使われているのであるから，上下の表現は，経済もしくは金の領域の固有の表現であると考えるべきだと主張する．

これを一般化すると，その客観主義者は，ある領域で慣習的に使われる基本領域の表現はすべて，抽象的な領域の固有の表現であり，その抽象的な領域に組み入れておくべきだというのである．なにも，わざわざ基本領域からの投射などといわなくてもよいということである．

ある抽象的な領域で慣習的に使われるメタファー表現をすべて，その抽象領域の固有の表現として，その領域の語彙として，組み込んでおくというのを実行するのは，大変なことである．たとえば，「思考（理論）」の領域では，以下の表現が慣習的に使われる[Lakoff 80]．

- その理論は，基礎がしっかりしていない．（建築メタファー）
- その主張は，うのみにできない．（食物メタファー）
- ニュートンは，力学の父である．（人間メタファー）
- 彼のアイデアは，遂に，実を結んだ．（植物メタファー）
- その考えは大変はやっている．（ファッションメタファー）

　まだまだあるが，このように，建築，食物，ひと，植物，ファッションという基本領域の語彙をすべて思考という領域の語彙に組み込んでおくというのは，原理的には可能であるが，実行可能なのであろうか．筆者には，実行不可能であるように思われる．さらに，慣習化されていなくて半分創造的な使用法が存在する．たとえば，上記の文章を少し修正してみよう．

- その理論は，基礎がしっかりしていないので，少々の風が吹けば，倒れてしまうかも知れない．（建築メタファー）
- そのようなアイデアを鵜のみにしたら，下痢をしてしまう．（食物メタファー）
- ニュートンが力学の父であるならば，ガリレイは力学の母，ケプラーは力学の叔母であろうか？（人間メタファー）
- 彼のアイデアは実を結んだが，実を結ぶまでに，多くの肥料を必要としたし，多くの葉を枯らして来た．（植物メタファー）
- その考えは大変はやっていて，10 人中 4, 5 人が身に付けている．（ファッションメタファー）

　どうであろうか．慣習的とはいえない表現であろう．しかし，理解可能であろう．「風」「下痢」「叔母」「肥料」「身に付ける」等を「思考」の領域の固有の語彙として組み込んでおくのであろうか．慣習的でなくても，非慣習的ものまで，組み込んでおくのであろうか．慣習的な用法の語彙を組みこむだけで，非常に困難であるのだから，非慣習的な用法の語彙まで，組み込むのは不可能なのではないだろうか．

　たとえ，それを行ったところで，人間は，もっと独創的な表現を使ってその設計時の組み込みの外に出ることができる．だから，抽象的な領域で慣習的に使われるメタファー表現を，その抽象的な領域の固有の表現として，組み込んでおくのは，無理な話のように思われる．

　上記の例文を，読者には理解してもらえたと思うが，最初に提示した例文を読むには，メタファーが慣習的である，もしくは日常的であるため，想像力は用いなかったであろうが，後者の例文はどちらかというと非慣習的なメタファーであったため，少し想像力を用いたであろう．

想像力を用いるという事実からわかるように，人間は基本領域を漠然とでも想像して，そのようなメタファーを理解しているのである．また，上記の例文から，わかるように，慣習的メタファーと非慣習的メタファーは峻別できず，連続していることがわかる．

上記の客観主義者のように，抽象的な領域で用いられる語彙をすべて設計時に組み込んでおくと，設計者が意図しなかった用法や表現に遭遇すると，対応できなくなるのである．これは，設計者が想定しなかったことに弱いという，従来の人工知能の問題の1例である．

身体性人工知能では，それは，基本領域のメタファーを応用領域に投射すれば良い．たとえば，「彼のアイデアは実を結んだが，実を結ぶまでに多くの肥料を必要とし多くの葉を枯らして来た．（植物メタファー）」という文章であれば「実を結ぶ」「肥料」「葉を枯らす」では，植物の領域を投射すれば良い．

7.3.2　メタファーに基づくオントロジー

しかしながら，統一的，体系的，整合的なオントロジーの構築は非常に困難である．困難なのは，そもそもそのようなオントロジー自体が存在しないからではないだろうか．機械，医療等の専門的な領域では，それなりに統一的で体系的で整合的なオントロジーは存在するであろうが，日常的な場面を考えると，そのようなオントロジーが存在しないように思われる．

オントロジーが人工知能を構成するときに用いる基本概念の（語彙）の体系であるとすれば，概念が，人間（の認識）から独立に，ある領域もしくはある対象に存在するようなものであれば，基本概念の体系であるオントロジーも，人間（の認識）から独立に存在するであろうが，概念は人間の認識から独立ではなく，人間の認識と密接に関係しているし，さらにいえば人間の認識そのものであるともいえるので，基本概念の体系であるオントロジーも人間（の認識）に大きく依存することになる．このように本書では，概念の存在論（オントロジー）的身分に関して実念論（概念実在論）ではなく唯名論に近い立場をとる．

人間はそれほど統一的に，体系的に，整合的に対象を把握していなく，その場での具体的な対象のある側面のみを(すなわち非統一的に)，状況に応じて(す

なわち非体系的に）認識していて，別の側面を認識する時とは整合性がとれていない（すなわち非整合的）ように思われる．ミクロ社会学でも「現実は，種々の下位世界が存在し，その各々の下位世界はそれぞれ独自の現実性を有している．そしてその下位世界間の整合性は基本的に存在しない[Schutz96]．」のような指摘がある．

　人間が何かあるものを認識するときに，その一面しか部分的に把握できない，すなわち認識対象を一挙に全体的に把握できないのであり，そしてオントロジーが人間の認識に大きく依存しているのであるから，ある対象，領域に関するオントロジーも統一的で体系的で整合的なオントロジーは構成できないことになる．

　「その基礎理論を構築するためには語彙を階層的に整理する必要があるが，まだ，案を練り上げている段階であるが，その作業は壁にぶつかっている．その理由は，新説を立てるだけの柱になる理論がないからである．」

　上記の文は，前出の文であるが，「理論」に関するオントロジーは，基礎，構築，階層，練り上げる，段階，壁，立てる，柱，等の「建築」のオントロジーから構成されている．また「その基礎理論を育てる」等の表現もあるので，「教育」のオントロジーも投射されている．「理論」固有のオントロジー，すなわち他のより基本的な領域のオントロジーに還元できないような概念体系も部分的には存在するだろうが，「理論」のオントロジーの多くの部分は，「建築」と「教育」，「たべもの」，「植物」，「商品」，「資源」，「お金」，「ファッション」等のオントロジーである．したがって「理論」のオントロジーも，「理論」固有のオントロジーがあるというよりは，いくつかの他の領域のオントロジーが投射され組み合わされているといえる．

　したがって，いくつかの領域（たとえば「理論」）のオントロジーは，複数のより基本的な領域（「建築」，「教育」等）のオントロジーがその領域に投射されて組み合わされたもの（組み合わせ的投射）であるといえる．より正確にいえば，表層的な語彙は違うが，その語彙間の関係，体系，構造が，基本的な領域のオントロジーの組み合わせ的投射であるといえる．そして，「建築」，「教育」，「たべもの」，「植物」，「商品」，「資源」，「お金」，「ファッション」等の領域の中からどの領域が選ばれ，その領域のオントロジーが「理論」もしくは「考え」

のオントロジーに投射されるかは，その時の（言語）行為に依存する，すなわち状況に依存する．

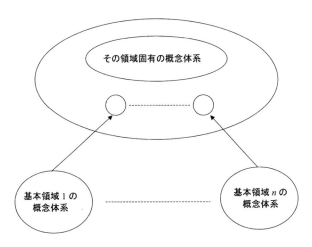

図7-9　ある領域のオントロジー

　今までの簡単な議論をまとめると，多くの領域のオントロジーは，統一的で体系的で整合的なオントロジーではなく，他のより基本的な領域のオントロジーを状況にあわせて適当に組み合わせている，ということになる．図7-9参照．

　日常的な，もしくは抽象的な領域ではメタファーに基づくオントロジーが多く見受けられるので，メタファー抜きではオントロジーは作成できないと思われるが，すべてのオントロジーがメタファーに基づくオントロジーであると主張するわけではない．当然のことながら，機械，医療等の各領域のオントロジーや物やことに関するオントロジーは基本的にそれらに固有のオントロジーが主であるが，部分的にメタファーに基づくオントロジーが混入していると思われる．

　以上の事柄をまとめると，「いくつかの（とくに抽象的な）領域は，その領域固有の統一的で体系的で整合的なオントロジーを持たない．その領域のオントロジーの大部分は，いくつかの基本的な領域のオントロジーの投射的組み合わせ，すなわちメタファーであり，その投射的組合わせは状況に依存する．」となる．

　応用領域と基本領域の関係については，いろいろの議論が存在する．たとえ

ば，レイコフとジョンソンは，応用領域は，基本領域の構造が投射されてはじめて構造化されると主張した［Lakoff 80］．これに対して，ターナーは応用領域に投射されない基本領域の構造が存在すること，応用領域の投射によらない構造を重視した［Turner 90］．また複数の基本領域の構造の応用領域への組み合わせ投射を混合（blending）という認知操作して扱うことを主張している［Turner 95］．この混合とは，言語的，非言語的両方の現象に見られる概念投射（conceptual projection）で，複数の入力空間から共通する構造を汎用空間として抽出するとともに，入力空間の要素を選択的，非合成的に統合し融合空間を構築することをいう．現在でも様々な議論があり，統一的な見解は存在しない．

　メタファーを用いて表現するのは主に抽象的なものである．したがって，具体的な存在物（たとえば犬等の動物）に関してのオントロジーは他の手法のものと同じである．

7.3.3　オントロジーの粒度

　われわれが何らかの対象を理解するときには，ある場面もしくは状況を想像する．この想像する場面，状況がオントロジーの粒度としてふさわしい．想像の言語的側面がメタファーなので，この想像する場面，状況は基本的に，メタファーの基本領域に対応する．したがって，メタファーの基本領域がオントロジーの粒度としてふさわしいことになる．またメタファーに基づく理解とは，文を基本領域単位で理解しているので，ある意味では状況単位で理解しているともいえる．

7.4　想像力をもつロボット

　ロボットが仮想的に感覚運動回路を動かすことで，想像できるようになれば，具体的なことば，抽象的なことばを理解でき，いわゆる認識というものが可能になってくるであろうということを述べてきた．ここでは，想像に関して少し述べる．

7.4.1 日常的想像

われわれも日常生活を送っているときに，毎日行っている行為は，イメージを用いずに行う場合が多い．しかし，何か新しい状況に出会ったときには，過去の経験を用いて，すなわち，イメージ操作を行いその新しい状況に対応しようとする．このようなことが身体性人工知能（メタファーに基づく人工知能）では可能になる．現実世界で，わけのわからないことをいわれた場合に，人は頭の中で試行錯誤するであろう．これは，たとえば，メタファーのある応用領域を，どの（複数の）基本領域でどのように構造化するかを探索しているとも考えられる．

どの基本領域とどの基本領域を組み合わせれば，現在提示された文章で表現されている応用領域を，適切に理解できるかは，基本領域から応用領域への投射の組み合わせの探索の問題である．最終的に何をいってるかが理解できない場合もある．これは，結局，途中で探索を放棄したということであろうか．非常に時間がかかって，最終的には理解できたという場合は，探索に非常に時間がかかったということであろう．何度も読むと，短時間で理解できるようになる．これは，投射の組み合わせが学習されたということであろう．このような想像が，ロボットに可能になるであろう．必要な実装は，投射の組み合わせ機構とその学習機構である．

7.4.2 文学的想像

われわれの理解が，複数の基本領域を組み合わせてある応用領域に投射することによってなされているのなら，逆にある複数の基本領域を適当に組み合わせてある応用領域に投射することによって得られる表現は，基本的に人間に理解可能である．その表現に対応する慣習的な自然言語表現が存在すれば，それはいわゆる死んだメタファーであり，慣習的な自然言語表現が存在しなければ，それは生きた（文学的な）メタファーになる．

たとえば日本語では「そうような経験をしたことがある．」と存在のメタファーで表現するが，これは死んだメタファーである．これに対して，「経験は透明性を持つ．」と所有のメタファーで表現すると生きた（文学的な）メタファーに

なる．このような，文学的想像がロボットにできるようになるであろう．たとえば，家族のメタファーを力学に投射してみよう．「ニュートンは力学の父である．」という文に対して，「力学の母は？」，「力学のおじさんは？」，「力学のおじいさんは？」，「力学の息子は？」という文が作成でき，それなりに理解でき，また回答できる．

7.4.3 発見的想像

ある基本領域の形式（構造）で，別のある応用領域を構造化することは，発見につながる．その応用領域が，すでになんらかの構造を有している場合には，その構造を無視して，基本領域の形式（構造）で新たに構造化するのである．応用領域に投射する基本領域はひとつの必要はない．複数の基本領域を組み合わせて，ある応用領域を構造化することも考えられる．

実際に数学の理論では，このようなことがしばしば見られる．たとえば，関数解析は，もともと距離が存在しない関数の集合に，空間メタファーを投射し，関数の集合を関数の空間として取り扱う．これは，空間メタファーによる発見的想像の良い例である．

また，たとえば，建築のメタファーをこころに投射してみよう．「こころの基礎」，「こころを構築する．」，「こころの階層」，「こころの土台」，「こころの壁」「こころの柱」，「こころの梁」等の表現が作られる．「こころの壁」は日常的に使われている．また「こころの階層」は，意識，無意識を連想させる．その他の表現は，あまり日常的に使われない．「こころの基礎」とは何であろうか．「こころを構築する．」とはどんなことであろうか．このように，こころを建築物に見立てることで，こころに関する何か新しいことが見え，わかってくるかもしれない．

もちろん，有意義な発見につながるには，上記のような投射をいくつかの基本領域を組み合わせて，何回か試行錯誤する必要がある．このような発見的想像が，ロボットに可能になる．

7.5　ロボットが論理を理解するためには

　ロボットが，学生として論理学の授業を受けるということを想像しよう．そのロボットが論理学を理解するには，どのようになっていれば良いであろうか．

7.5.1　包含の形式としての命題論理

　論理はしばしば自然言語を抽象化したものであるといわれることがある．命題論理は通常は，文単位の論理，もしくは（かつ，または等の）接続詞の論理と考えられている．しかしながら論理のもっとも基本的で核であると思われる古典命題論理は自然言語とうまく対応が取れない．もっとも有名なのが，ならば（論理的含意）である．しかしこればかりでなく，論理積，論理和，否定も，自然言語とうまく対応が取れない．後で詳述する．このような事実からすると，命題論理は自然言語の文の論理といわれるが，そのような見方は正しくないのではないか．

　論理を想像力の言語的側面であるメタファーの形式化であるという観点から考えると，命題論理は空間メタファーの中でもっとも基本的な包含のメタファーの形式化である．ベン図（図 7-10）は命題論理を理解する時に補助的に使われる図であるが，単なる補助手段でなく，基本的なものである．なぜならば，われわれは命題論理の計算規則なしで，このベン図だけで包含は理解できる．しかし，ベン図なしで命題論理の計算規則だけで包含を理解することは，非常に困難であるか不可能である．したがって，命題論理よりもベン図の方がわれわれ人間の理解にとって，より基本的なものであるといって良い．ベン図は包含をあらわしている．したがって，命題論理は包含の形式化とみるべきなのである．

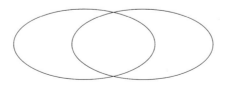

図 7-10　ベン図

包含を述語表現すれば，古典論理の命題論理の部分はなくなる．なぜ包含を述語表現して，命題論理としたのであろうか．それは，包含が人間にとって，もっとも基本的なものだからであろう．われわれは世界の中で袋として存在している．内外はつねに意識せざるを得ない．だから，包含に関しては，述語表現せずに命題論理としたのであろう．

命題論理といっても，古典，非古典いくつか存在する．古典命題論理はベン図の線の部分を独立したものとみなさない包含の形式化であり，直観主義命題論理はその線の部分を独立したものとみなした包含の形式化である．その他の非古典命題論理のいくつかはこのような解釈ができるかも知れないし，また別のいくつかはこのような解釈ができないかも知れないが，それは重要な問題ではない．なぜならば非古典命題論理は古典論理の規則を部分的に除去等して作られたものであり，包含等のメタファーの基本領域と対応が取れるように，その規則の除去はなされていないからである．したがって，包含等のメタファーの基本領域と対応がとれないような命題論理は，記号論理であることには間違いないが，現実世界での理解可能なモデルを持てないので，単なる記号操作体系にしか過ぎないといって良いと思う．

7.5.2　論理と自然言語の対応について

次に，古典論理（以下「古典」を省く）と自然言語の関係について簡単に触れる．論理は自然言語の形式化であると言われることもあるが，われわれがものを考えるときに，自然言語を用いてはいるが，想像力すなわちメタファーに基づいて考えているのであるから，ものの考え方のパターンである論理は，自然言語の形式化であるというよりは，想像力すなわちメタファーの形式化であるといえる．

論理と自然言語の間には乖離がある[小野 89]．論理和，論理積，論理的否定，論理的含意等の論理接続詞が自然言語の接続詞と対応がとれないという問題が存在している．もっとも典型的なのが論理的含意である．論理的含意は，条件部が偽ならば，結論部の真偽にかかわりなく真になる．たとえば「3<1 ならば 2+5=78」は正しい文になる．しかしながらこれは不自然である．論理的含意の違和を除去するために適切論理という論理も研究されている．あまり議論さ

れないが，論理的含意以外の論理接続詞にも違和がある．たとえば論理積は日本語の「かつ」と対応するが，英語の "AND" とは対応しない．たとえば "He is..." に対して，"He and she are..." となり，"AND" により量的に増えるが，これは論理的 "AND" とは合致しない．英語の "AND" は日本語の「かつ」と「と」に対応し，「と」は論理積とは対応しない．また "OR" に関しても，"He or she is…"であり，"OR" により量的に増えないが，これは論理的 "OR" と合致しない．しかし上記のように，命題論理を包含のメタファーの形式化であると考えれば，論理は自然言語の直接的な形式化ではなくなり，論理的接続詞が自然言語の接続詞と対応がとれていなくとも良いことになる．すなわち自然言語と論理が対応つかなくて良いわけである．図 7-11 参照．否定に関しても同様に，論理的否定と自然言語の否定は対応がつかない．

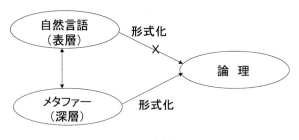

図 7-11　メタファーと自然言語と論理の関係

7.5.3　述語の「命題論理化」

さて，次に述語であるが，ところで「A は B に含まれている」を In (A,B) と 2 項述語 In を用いて書くこともできる．以降，簡単のためにこの記法を述語記法という．ところで包含は，現在の命題論理の論理和，論理積，否定を用いなくても In のような述語を用いて述語記法で書ける．しかしこれを述語記法とせずに特殊な記号としたのは，これらがもっとも基本的な空間メタファーである包含のメタファーの形式化だからであろう．そこで以下で，現在の命題論理と述語記法について簡単に比較する．In (A,B) とソフトウエアで実装しても，コンピュータにはその包含の意味はわからない．しかし，ブール代数でも，形式体系でも良いが，命題論理の形式操作をソフトウエアで実装すれば，ロボット

（コンピュータ）は少なくとも，包含の意味はわからなくとも，包含の形式操作はできる．

　In（A,B）と書いただけでは，他の表現との違いはない．In（A,B）ではなく，Out（A,B）と書いてもスペルの違いを除けば同じである．人間はこの In,Out という英語表現から内，外を読みとれ，現実世界の内，外を想起することができるが，ロボット（コンピュータ）にはそれができない．In,Out のような個々の（表層的な）自然言語の語彙は単なる人間向けの註にしか過ぎない．ロボット（コンピュータ）にわかるのは単にスペルの違いだけであるが，われわれがコンピュータにわかってもらいたい違いはスペルの違いではない．しかし，たとえば

$$\text{In}(A,B) \ \lor \ \text{Out}(A,B) \ = \ T$$

と書けば, In,Out に他の記号操作とは違うなんらかの関係を与えたことになる．もちろん $\lor$, $=$,T はこの式で同時に定義されることになる．包含に関するこのような関係をきちんと与えたのが命題論理である．この命題論理の形式操作が他の形式操作と違う点（＝差異）が命題論理が包含の記号論的意味を有するということである．

　述語記法で表現可能な包含が命題論理として形式化できるのであるから，他の述語もその（基本）領域の形式化を行うことで「包含」のように「命題論理」で記述することが可能ではないかと考えられる．これは現在の述語論理で述語表現されている述語を「命題論理化」することを意味する．

　ロボット（コンピュータ）に，「父親」と入力しても，ロボット（コンピュータ）は父親を理解はしない．たとえば，Father（A）と書いてもロボット（コンピュータ）は父親の「意味」はわからない．そのロボット（コンピュータ）には，父親もいなければ，家族もいないからである．ロボット（コンピュータ）に父親をイメージさせることはできない．父親，母親，子供等の家族に関する関係を定義することによって，はじめて父親の「意味」が（ロボット）コンピュータにはわかるのである．家族に関する何らかの形式化ができれば，その形式の記号操作体系を入力することで，ロボット（コンピュータ）は，家族に関する，そして父親に関する，記号操作ができるようになる．述語記法では，ロ

ボット（コンピュータ）は何も理解できないが，「命題論理」記法では，ロボット（コンピュータ）はそれなりに記号操作できるのである．

　もちろん，ロボットが，別のロボットから「生まれて」，人間等の動物みたいに，親ロボットに育てられれば，家族の意味や，父親，母親の意味もわかるであろう．

　すべてがメタファーの基本領域の形式化であるとするならば，A は B である，A は B する等の述語記法（B(A)：A は B）自体も経験の形式であることになる．それではなぜわれわれはこのような表現を理解できるのであろうか．もしくはなぜこのように表現するのであろうか，そしてこのようにしか表現しないのであろうか．これはカントが考察した超越論的統覚，根源的統覚というものがその基本であると考えられ，筆者は述語形式は擬人化メタファーと時間メタファーであると考える．詳述は別稿で行うが，簡単に説明すると以下のようになる．

　人間は時間内の現象を記述する時に時間的に不変の個体を措定し，その個体が時間的に変化するという記述をする．たとえば「彼は身長が伸びた.」という表現で考えてみよう．以前の「彼」は現在の「彼」と物質的には同じではない．しかしわれわれは物質的に同じでない以前の「彼」と現在の「彼」を同一視し，同じ「彼」という個体として措定する．そしてその個体が「身長が伸びた」という時間的変化をしたとして，「彼は身長が伸びた」に対応する現象を記述するのである．この時間的に不変と措定された個体（この例では「彼」）とそれを修飾する表現で現象を把握する主語述語形式は人間の経験の基本的形式である［月本 93］，［Strawson 59］．

7.5.4　代入とプロトタイプ

　述語の代入に関しては，記号操作としての代入処理は 1 人称的にはプロトタイプで理解しているといえる．たとえば，父親（Father (A)）は括弧の中に誰かを入れればその誰かの父親になるが，述語「父親」を 1 人称的に理解するとき，すなわち想像するときには通常は自分の父親を想像する．他の例としては，家具でも同様であり，家具という概念はその典型例（プロトタイプ）で（1 人称的に）理解しているのである．

　また，前出の文であるが，「坊主が屏風に坊主が屏風に書いた坊主が屏風に書

いた坊主が屏風に書いた坊主の絵を書いた」の文は，「坊主が屏風に（（（坊主が屏風に書いた）坊主が屏風に書いた）坊主が屏風に書いた）坊主の絵を書いた」と構造化され，それなりに理解できる．

記号論理学に基づいた記号処理の方法では上記の文の代入は何回でもできる．これは 3 人称的に理解できる，すなわち記号操作できるということに対応する．これに対し，通常の人間は，上記の文は 1 人称的には理解できない，すなわち典型例（プロトタイプ）を想像できない．

人間並の知能を目指す身体性人工知能としては，この「1 人称的には理解できない，すなわち想像できない」に対応する記号処理が望ましいのである．すなわち，自然知能である人間が何回も挿入のある文を想像できないのであるから，自然知能の模倣である人工知能もそのような文は処理できなくて良いし，処理できない方が良いのである．

ニューラルネットワークは，脳の神経回路網のモデルであるが，基本的に無限回の処理の可能性がある述語処理や代入処理ができない．このことが，ニューラルネットワークの手法としての欠点であるかのようにいわれる場合があるが，上記のように考えれば，人間もしくは人間の脳が対応できないのであるから，それのモデルであるニューラルネットワークは対応できなくて良いし，さらにいえば，対応できない方が良いのでないであろうか．

7.5.5 身体性人工知能における論理

身体性人工知能，メタファーに基づく人工知能では，論理とは，あくまでも基本領域の形式のことであり，その限りでは，オントロジーの記述に（部分的に）論理を用いることもあるが，（古典）一階述語論理を基本にして，オントロジーを記述するという立場とは相容れない．とくに，述語を用いることは，前述したように，極端ないい方をすれば，（深い）意味の記述，すなわちオントロジーの（深い）記述そのものを放棄することに等しい．論理に基づく記述を行わないことにより，（狭い意味での）完全性は放棄しなければならないが，その代わりに深い意味の記述を得ることができる．深い意味の記述と論理的完全性を同時に得ることは不可能であろう．深い意味の記述を行おうとすれば，混沌

とした現実に肉薄せざるを得ず，必然的に論理的完全性を失うことになる．

このように，本書では論理をもっとも基本的なものと見做さない．したがって論理的完全性等の厳密性を放棄する．本稿では論理はメタファーの形式化であるという立場を鮮明に取り，論理の特別視はやめる．すなわち，メタファーの形式化になりえないような論理は，現実世界で理解可能なモデルを持たないのであるから，単なる記号操作体系とみなすことにする．

また，カント，ジョンソン等の理論と本稿の立場の違いの1つは論理に対する考え方である．純粋理性批判のカテゴリー表は今のことばでいえば論理であるが，カントはこれをその他の図式とは別ものと扱っている．ジョンソンでもその辺りは不明瞭である．カントの感性，悟性の分類は保持するが，悟性の中のカテゴリーすなわち論理と原理の分類は基本的に採用しない．基本的には悟性に関しては原理のみであると考える．

7.6 実現方法について

今まで，想像ができるロボット，ことばを（自律的に）理解できるロボット，論理を理解できるロボットについて説明してきたが，ここでは，少しその実現方法について簡単に述べたい．

ロボットがことばを自律的に理解するには，イメージの機構，メタファーの機構をロボットに実装せねばならない．基本領域の構造は，感覚運動回路でイメージを作ることで実現される．メタファーに関しては，応用領域やその投射機構を実現しなければならない．その実現手法であるが，人間が作りこむのとロボットに外界との相互作用で学習させる2つの方法が考えられる[中野01]．

人間の場合には，これらは，長い進化の過程で獲得されたのであるから，進化的手法でロボットのことばを話す機構が創発するということも考えられる．進化に関するすべてのことを把握していれば，進化によって知能を作ることは可能であろう．しかし，現在の進化に関する理論が果たしてどの程度の完成度なのであろうか．現在で進化に関する知見が全部出尽くしたと思うのは，間違いであろう．一部しか進化に関して，理解していないのではなかろうか．

万が一，進化に関する人間の理解が，かなりのレベルであるとすれば，学習

でロボットが獲得するのは，原理的には可能であろう．しかしながら，それには非常に長い時間がかかるであろう．その非現実的に長い時間は，工学的研究からすれば，原理的には可能であっても，現実的には不可能であるという時間であろう．もし，自然界の法則のほとんどすべてを人間が把握できていれば，この時間を短縮することが可能であろうが，現在の自然科学はそこまで到達していないと，筆者は考える．

　また人間が，適切な学習データをロボットに提示しなければならないが，人類の長い進化の過程で人間に提示された学習データがどのようなものであったか，もはや，わからないのが現状である．たとえ，わかったところで，現代の段階で，人類が進化で遭遇した環境すなわち学習データを，人間がロボットに現実的に提示できるであろうか，すなわち，そのような人工環境を作れるであろうか．筆者は，ほぼ不可能であると考える．したがって，人間が，人工環境を作ることなどで，ロボットに必要な進化の学習データを提示することにより，ロボットが想像力を獲得することは無理であろう．

　よって，イメージやメタファーの機構は，現代の自然科学の段階では，研究戦略上，われわれ人間が試行錯誤的にロボットに実装せねばならないと考える．そのためメタファーの基本領域の整理，感覚運動回路によるメタファーの基本領域の構成等，多くの問題を検討する必要がある．

　この基本構造にもとづいて，細かい構造や詳細なパラメータは，ロボットが外界と相互作用することで，学習することができると考える．

　人間の場合は，進化で獲得した先天的な部分と，生誕後の環境との相互作用や学習で獲得した後天的な部分があるが，ロボットの場合は，人間の先天的な部分に相当するところは，人間が造りこむ必要があり，人間の後天的な部分に相当する部分は，基本的には，環境との相互作用や学習で獲得できるであろう．

8 意識をもつロボット

　今までの議論は，ロボットにことばを話させる，とくに，理解させるには，どのような機構にすべきであるかという議論であった．しかしながら，われわれがことばを理解したり，ことばを話したりするときには，(自己)意識が伴う．われわれの経験には，常にこの自己というものや自意識が伴っている．自己，自意識の付随なしの経験はありえない．別のいい方をすれば，自己，自意識を有することで，われわれ人間は経験をわが物にしている．したがって，何かを理解するとは，この自己，自意識というものを抜きにしては考えられないので，ロボットでもこれを実現することを考えねばならない．

　ところで2章で，人工知能が不可能であると主張する根拠のひとつは，志向性を人工的に実現できないということであると述べた．基本的に，志向性とは意識の志向性である[Searle 69]．意識の本質は自意識である．したがって志向性が人工知能に必要ならば，意識，自意識を実現せねばならない．確かに，これらを実現するのは，かなり難しそうである．

　これに対して，この志向性を外部の観察者が想定するものであるという解釈[Dennett 87]もある．このように考えれば，志向性を実現するのは，簡単そうである．しかし，このような解釈に関しては，筆者は否定的である．なぜならば私自身の志向性がそれでは説明できないからである．

　意識，自意識，自己に関しての議論は種々ある．たとえば「意識とは他者の

シミュレーションである．［Humphrey 86］」「対他的自己は「役柄存在」と「被
視存在」に留意して把握すべきである．［広松 72］」「自己とは役割である．［広
松 92］」他にもこのような議論があって，自己が，社会性，集団性と密接な関
係があることは否定できない．さらにもし意識が付随的なものならば，（完全な）
ロボットに意識はいらない．もしそうでなくとも，ロボットにはロボットなり
の「意識」があって良いのではないか．なにも人間と同じような意識が必要な
わけではないであろう［広松 72］．

　ところで，こころは脳の機能であり，脳は神経回路網に分解される．そして，
神経回路網の動きがわかれば，脳の動きがわかり，脳の動きがわかれば，ここ
ろがわかる，という話がある．意識の話とは，少し離れるが，後の議論に必要
なので，ここでは，まずこれについて述べる．

8.1　脳と神経回路網の関係について

　脳は，神経回路網で構成されているので，脳の動きはその要素である神経回
路網の挙動で理解できるであろうか．この話を一般化すると，次のようになる．
ある対象は，その部分から構成されているから，部分に成立する法則がわかれ
ば，その対象の挙動がわかるであろうか．全体は部分に分解されるから，全体
の法則は，部分の法則の和であるということは，それが成立するときもあるし，
成立しないときもあるだろう．いつでも，全体が部分から説明されるのであろ
うか．

　われわれは，全体が部分から説明されると考えたがる．全体が部分から構成
されているからといって，その挙動を部分から説明できるとは限らない．今，
宇宙人が地球に来て，人間の集団の動きを，外から観察して，それの規則性を
見つけようとしている状況を考えよう．軍隊の動きを考えてみよう．個々の隊
員の動きの規則性を見つけて，それを足しあわせて，その隊の全体の動きの規
則性を見つけることが可能かもしれない．しかしながら，軍隊の各兵隊は，自
分の意志で行動はしない．各兵隊は，属する隊の隊長の命令で動く，その隊長
も，基本的には，同様に自分の上官の命令で動く．

　すなわち，個々の隊員の動きはその隊の目的を遂行するために，そのような

動きをしているのである．彼の動きは彼自身に起因するのではなく，その隊の使命に起因するのである．個々の隊員の動きが先にあってその個々の隊員の集合である隊の動きがあとにあるのでない．隊の動きが先にあって，個々の隊員の動きが後にあるのである．ここでいう後先とは，時間の後先ではない．理解の順序の後先のことである．

　したがって，ある軍隊の動きを理解するには，その軍隊に属する兵隊の動きを理解して，それをあわせて軍隊全体の理解をするという手法よりは，全体の動きを先に理解して，そして，その構成要素である兵隊の動きを理解するほうが適切である．

　これは軍隊ばかりではない．多くの組織がこれに近い状況になる．会社を考えてみよう．個々の会社員の動きはその会社員自身に原因がある場合よりは，圧倒的に，その組織，すなわちその会社員が属する集団の動きに原因がある場合が多い．ある会社員がそのように動くのは，その会社員が自発的にそう動くよりは，その会社員への上司等からの命令でそう動くのである．

　このように，人間の集団は，各個人の動きを見て，その全体の動きを理解するよりは，その逆に，各個人の動きは，全体の動きから理解される．もちろん，個々人の動きを記述して，それを足し合わせることで，その個々人の集合であるところのその組織の動きを記述することはできる．しかしながら，記述はできても，理解はできない．

　このように，部分の行動が集積されて全体の動きなっているからといって，全体の動きの理解をその成員である個々の個体の動きの理解に還元できると限らないのである．その逆に，個々の動きが全体の動きを原因としている場合もあるのである．

　ここで，上記の説明に関連して，触れなければならないことがある．1つは，目的論的説明であり，2つ目は（非）線形性である．先ほどの，軍隊の動きの説明は，目的論的説明である．目的論的説明とは，物理学が良く用いる因果論的説明とは異なる．そして，一般に，目的論的説明は，非科学的と思われている．因果論的説明とは，これこれが起こるとこれこれが起こるというように物事を過去から未来に向かって説明してゆく．これに対して，目的論的説明は，これこれは，こうなることをめざして，このようになってゆく，というように，

物事を未来から過去に向かって説明してゆく.

　昔は，自然に関する説明には目的論的説明が良く用いられていた．アリスト
テレス流の自然に関する説明でも，物体はなぜ落ちるかを，物体は地球の中心
を目指す云々ということで,説明しようとしていた.近世以降の自然科学では,
このような目的論的説明は毛嫌いされていて，因果論的説明が科学的である，
と思われているかのようであるが，物理学にも，目的論的説明がいくつか存在
する．たとえば，光の経路に関するものである．光の進行は，もっとも時間が
短くなるような経路で進む，というものである．これは，最小作用の原理と呼
ばれている．これは目的論的説明である．この目的論的説明は，量子力学でも
現れる．ファインマンが導入した経路積分がそうである.

　したがって，目的論的説明を非科学的といって排除するのは誤りである．ま
た，過去の目的論的説明の多くが擬人的であったが，擬人的説明も非科学的で
あると思われている．擬人的説明とは，われわれ人間の日常的レベルでの説明
の一部である．前述したように量子力学の光の理解では，波とか粒子（玉）と
かいうのを用いている．これは日常的レベルのものである．そうすると，擬人
的説明と類似の日常的レベルの説明を使っているのであるから，それほどむき
になって，擬人的説明を排除しなくてもよいのではないだろうか．説明や理解
から，日常的レベルのことを追放することは不可能であるし，擬人的なことを
完全に排除することも非常に困難であろう．そもそも，法則は law であり法律
である．物理世界に，人間社会の法律を見ようということである.

　2つ目は，線形性，非線形性である．線形性とは，ある対象 A である規則 C
が成立していて，別の対象 B である規則 C が成立している場合に，その2つの
対象 A と B を一緒にしたときに，規則 C が成立するということである．こう
ならないときには，非線形であるという．これは，別のことばでいえば，対象
A と対象 B の間に相互作用があるかないかということである．相互作用がなけ
れば線形であり，相互作用があれば非線形である．全体を，それを構成する各
部分で成立する法則をあわせることで，理解するというのが可能なのは，線形
性が成立するときである.

　さて，脳の話にもどろう．脳では，上述の線形性が成立するであろうか．一
般的には成立しないであろう．ということは，脳の全体の動きは，神経回路網

の動きからは理解できない，ということになる．しかし，神経回路網の相互作用がわかれば，神経回路網の動きから脳の動きを理解できるであろう．

ところが，この相互作用というものが，曲者である．物理学の3体問題というのがある．3つの物体の相互作用の問題であるが，たとえば，お互いに重力を及ぼしあう3つの惑星の相互干渉の問題である．これが非常に難しい問題なのである．

でも，脳を神経回路網から厳密に理解しようとするから大変なので，大体だったらどうなのか？と思われる読者もいよう．脳の神経細胞の数は数十億個である．この地球上の人口は数十億である．人間を理解することで，その人間の集合である世界を大体で良いからといって理解できるであろうか．人間を理解することと，世界を理解することは明らかに別である．脳も同様であろう．脳全体を理解することと神経回路網を理解することは別のことである．

全体を理解することが部分を理解することより先であろうか．先の部分もあるし，先で無い部分もあろう．いくら上官の命令であろうが，時には，その命令を無視するのもいるし，その命令に逆らうのもいるだろう．また，命令を遂行しようとしても，能力的に無理であったり，体力的に不可能であったりすることもあろう．このように，軍隊の動きを理解するには，その軍隊全体の目的の理解が先で，構成要素である隊員の動きの理解は後であるといっても，各要素である隊員が人間であるということから起因する動きもあるので，要素の理解が先の部分もある．もし，軍隊がロボットから構成されていれば，別様になるであろう．このようにその構成員が人間である以上，人間であるという，社会的法則，生物学的法則が，全体の動きの制約として機能する．

脳も同様である．脳全体がこうしようとしても，各神経細胞にはいろいろの制約がある．したがって，神経細胞の物理的，化学的制約が，脳全体の動きに，影響を及ぼすであろう．

脳が神経回路から構成され，神経回路が細胞から構成され，細胞が分子に，分子が原子に，原子が原子核と電子等の素粒子から構成されているからといって，脳の動きが神経回路の動きから，神経回路の動きが細胞の動きから，細胞が分子の動きから，分子が原子から理解できると思うのは，短絡的である．

いままで，おもに脳と神経回路網との関係を議論してきたが，これと同様の

関係が，他の関係でも成立する．各レベルには，それぞれの規則性，法則性が存在するが，それは制約として存在する．細胞内の素粒子は，量子力学の各種の法則性にしたがって動き，それを破って行動することはできない．

8.2 こころと脳の関係

　今までは，脳と神経回路網の関係をみてきたが，ここでは，こころと脳の関係について述べる．こころは，脳とは別の次元の存在なのであろうか．別の次元とは，簡単にいえば，その次元固有の規則，法則が存在するということである［野家93］．

　われわれのこころは，生まれたときから，親，とくに母親からの教育で，形成されるといって良いであろう．昔，狼に育てられた子どもが発見されたことがあるが，その子どもは狼みたいにうなっていて，ことばは（当然であるが）しゃべれなかったとのことである．その子どもを，普通の人間として育てようとしたが，それは失敗したらしい．そして，その子どもは普通の人間の社会に適応できずに短い人生を終えたとのことである．

　この話は，教育，人間間の相互作用が，人間のこころを育てるのに必要であることを物語っている．脳があるからといって，それがそのまま，こころとして機能するわけではない．脳をこころとして機能させるには，人間集団での教育と相互作用が必要なのである．

　幼少期の教育が非常に重要なことは間違いないが，成育してからも人間社会での健全な相互作用は必要である．この健全な相互作用が損なわれると，脳はこころとして機能しなくなる．精神病になるのである．もちろん，精神病には，いろいろの病があり，器質的な精神病，細菌による精神病もある．

　人間社会の相互作用の基本は家族である．しばしば，家族が精神病の原因になる．入院して治った（治りかけた）患者を退院させて帰宅させると，再び発病することが，ままあるらしい．これは，その患者から見れば，「病原菌」のいる家庭にもどるので，再び発病するのであろう．その患者を治すには，その患者の家族（の人間関係）を治さねばならない．

　正常と異常の境界はそれほど明確でもない．その中間に異常性格者という人

もいる．あなたの身の回りにもいるかも知れない．普通，人間は常に，道徳，常識，法律，等の社会的規範にさらされている．これを犯すと，その人間集団から排除される．あなたが白昼，銀座4丁目の交差点で，だれかと生殖行為に及んだとしよう．これは物理的には可能であるし，生物としても何の問題もない行為である．たとえば，犬が同様の行為をしても，ほぼ何の問題もないであろう．しかし，人間がこれを行うと問題になるのである．詳細に，どのような罪になるか知らないが，道交法違反ではないであろう．このようなことをすれば，その人間は公序良俗に反するとして，実際，社会から排除されてしまう．

　このように，道徳，常識，法律とかで，われわれの行動は，制約を受けている．制約を受けているのは，行動ばかりではない．こころも，制約を受けている．そのようなことは望んでいけない，こうしなさい，と．われわれの願望，欲求は無制限ではない．われわれは，小さい頃から，親や学校の教師に，これが正しいことである，これは間違っていることであると，いわれつづけている．それで，一応，善悪の区別ができたりしているのであろう．

　これは，非常に，時代と場所で制約を受ける．第2次世界大戦中の日本の青年の世界観と現在の日本の青年の価値観は，大きく違うであろう．また，現代の日本の成人と，中近東の成人では，価値観，ものの考え方が異なるであろう．

　このように，われわれの，こころは，教育，道徳，常識，法律等で，幼少期からつねに，社会から，すなわち，外から作用を受けて，形成されて来ている．だから，脳で，こころを実現しているのは，間違いないが，それは，社会から提供された学習データにしたがってしか機能しないのである．こころを理解するときに，なぜ，こころがそのように動くかは，主要因は，脳にあるというよりは，社会にある．

　コンピュータのソフトウエアを作成するときに，通常，仕様書というのを最初に書く．そこには，このように動いて欲しい．このようなときには，こうしてもらいたい等々の事柄が書かれる．そして，その仕様書に基づいて，プログラムを書き，コンピュータに実装する．そこで，そのコンピュータがどのように動くかを理解するときに，コンピュータの機械語レベルの動きを見るのと，仕様書を見るのと，どちらが良いであろうか．機械語レベルでそのコンピュータの動きを記述することはできる．しかしながら，それは，ほとんど無味乾燥

な動作の列挙にしかならない．コンピュータの動きを理解するには，仕様書を見たほうがはるかに良い．

そして，コンピュータがそのように動く第1原因はコンピュータのハードウェアにあるのであろうか，仕様書にあるのであろうか．仕様書であろう．もちろんコンピュータのハードウェアは，その仕様書に書かれている通りには実行しないかも知れない．ハードウェアが壊れれば，仕様書どおりには動かない．そのコンピュータのハードウェアの能力を超えたことは，いくら仕様書に書かれてあっても実行できない．

同様に，こころは，脳の神経回路網の細かい動きで記述するよりは，こころの仕様書ともいうべき，常識，道徳等の社会的なもろもろの制約を見たほうが理解しやすいことが多いであろう．脳の血管が切れたりして，脳が病気になれば，失語症等の病になり，こころが患うことになるであろう．コンピュータがハードウェア能力を超えられないように，こころも脳の物理的能力を超えることはできない．

こころの場合には，第1原因が社会にもあることを強調したが，当然のことであるが，身体にも性欲や食欲などの主原因がある．

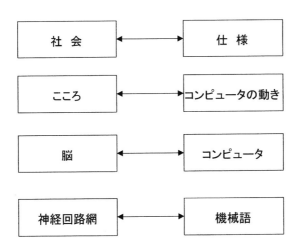

図 8-1 こころ（社会）と脳 vs 仕様とコンピュータ

8.3 こころの社会性

想像は，仮想的身体運動である．これは，1 人の人間に注目した場合である．2 人の人間に注目した場合に，これと似たような現象はないのであろうか．1 つは，ミラー細胞，ミラーシステムである[乾 01]．これは，猿や人間で観察されたのであるが，身体のある部位を動かすときに活性化する神経回路網は，自分が，他人がそれと同じ動作をするのを見るときにも活性化するのである．

これは，共感の脳神経的基礎ではないかと思われる．このミラーシステムが壊れると，共感ができなくなり，自閉症や，精神分裂病などになるかもしれないと予想できるが，実験的には確認されていない．その理由の 1 つは，ミラーシステムの場所が言語野の 1 つであるブローカー野に近いため，ミラーシステムだけが，破壊されるということはあまりなく，ブローカー野も破壊されるため，ことばの機能障害も発生するからである．また，他人の話すことを理解できるのは，他人の話す音を自分の中で繰り返してしゃべることによるという説もある[Haskins 01]．

このような理論（もしくは仮説）によれば，われわれが，他人をそれなりに理解できるというのは，同じような身体的基礎を有しているからであるといえないであろうか．また，同様に，他人にこころを認めるというのも，同様の理由からではないであろうか．

こころの主要な機能として思考があるが，思考は自分の中で無音で会話をしているようなものである．その会話では，音声や文字は用いていないが，疑似的な音声（内言，聴覚イメージ）か文字（視覚イメージ）が頭のあたりに存在する．思考とは，私が私と会話をしているのであり，自分との（仮想的）会話である．イメージが仮想的運動であったように，思考は仮想的会話である．このような現象に注目すると，考えるという行為はことばが自分（という場）で展開しているのである．その現象を「私」という主語を用いて表現すると「私が考える」という表現になるということである．われわれは，1 人でいて，1 人で考えているときも，他人と話すのと同じ方法でしか自分自身と話せない．

「人間は自分が仲間とコミュニケーションできる限りにおいて，しかもそれと同じ手段を用いてしか，自分自身ともコミュニケーションできない．私は自分と話すことを，私が他者と呼ぶであろう迂路を通じて学んだのである．私と私の間に媒介者として他者がいる［Varely 80］.」思考は，その個体が，他の個体と有効に会話できることによって，初めてその個体で実現される．思考が先なのではなく，会話が先なのではある．当然，会話には他者が必要である．その話し方は人間集団（社会）から学んだものである．

したがって，会話，思考等の言語を用いて行う行為はすべて公共的である．会話が公共的であることには異論はないであろうが，思考は1人で行うので，公共的ではなく私秘的であると思われるかも知れないが，上述のように，思考が自分自身という社会的他者との会話であることに注目すれば，思考は会話の一例，特殊な一例なので，私秘的ではなく，公共的である．

社会はこのように，こころの中に入り込んでいる．さらに，「自分」は同質集団内での役割という側面がある．このように考えてくると，こころは社会的であるということになる．とすると，1人の人間のこころを考えるよりは，2人以上の人間のこころをまとめて考えるということは，自然であろう．次では，こころの特性，意識の特性と言われる志向性について，この観点から眺めてみたい［月本 00b］.

8.4　志向性

最近は，意識に関する科学も盛んである．意識は，覚醒，アウエアネス，自己意識の3階層にわけて議論がされている［苧阪 97］.覚醒は，環境からの受け入れと行動に対して準備ができた状態である．アウエアネスは，覚醒を基盤として，知覚と運動と意識を含み，知覚や感覚の「覚」に近い．その意識は，注意等とも深い関連がある．また，自己意識が前頭連合野に局在していうという説もある．さらに，意識の量子論というのもある．これは，意識を神経活動によって説明しようとするのではなく，量子力学的現象で説明しようとするものである．しかし，この意識の量子説は，まだ仮説段階である．このように，意識に関しては諸説が飛び交っている段階であり，まだ，工学的に実現するため

の議論を行う段階にいたってないのではないかと考える．しかしながら，意識の実現を目指した試論はできるであろう．

こころは，とくに意識は志向性も持っている．意識とは，何かについての意識である．現象学では，志向性が意識の本質であるといわれる．この志向性は，図示すれば，→ である．

人間の心理状態でことばで表現できるものがある．「私は，彼が総理大臣である，と信じている．」という信念や，「私は，来年，年末宝くじに当たりたい．」という願望である．このような願望や信念等は命題態度と呼ばれる．この命題態度は，何かの表象（イメージ）を志向しているので，こころの志向性の一例である．基本的に，心理状態は表象（イメージ）を伴う．ところが，筆者の友人の１人は，これには同意してくれなかった．表象（イメージ）を伴わない心理状態として，無意識，性欲等の欲求や，痛みなどをあげた．そのときの議論で感じたことであるが，やはり，人によって，こころ，表象，イメージ等の使い方が異なるなということであった．読者の中にも，「基本的に，心理状態は表象（イメージ）を伴う」に反論する人もいよう．

8.5 志向性から相互作用へ

現象学では，意識とは何かについての意識である，ということであるが，これは，意識がそれを意識する者と，その者とは別の何者（物）との関係であることを物語っている．

一般に物事を記述する時には，その物事に関して閉じている系について記述するのが基本である．別のいい方をすれば，その系で自己完結しているということである．たとえば，ボクシングの試合で片方だけに注目して記述しても，満足な記述は得られない．両方に注目してこそ，完全な記述になるであろう．ボクシングという系は，１人では閉じてなくて，２人で閉じているということになる．

とすると，意識を記述するときに，１人だけを取り出して，だれだれの意識は…という形で記述するのが適切なのであろうか．「意識とは何かについての意識である．」という言明自体が雄弁に物語っているが，その意識の持ち主だけで

は，意識は定義できないのである．今定義しようとしている意識の持ち主以外
の何かが必要なのである．意識に関する記述は，1人では自己完結的ではない
のである．

　もう1人足して，2人ではじめて，意識は自己完結的に記述できるのである．
2人をA，Bとすれば，Aの意識はBに関するものであり，Bの意識はAに関
するものである，という形で，自己完結的に記述できる．このように，意識を
自己完結的に記述するには，最低限でも2人は必要である．なお，このような
意識の記述は，1人称的でなく，2人称的になる．図で書くと，意識は ← → と
なる．これは相互作用である．したがって，自己完結的な記述を行おうとすれ
ば，意識の特徴は相互作用になる．

　この議論は少々強引であるが，対象の自己完結的記述に比重をおくならば，
意識の特徴としては，志向性より相互作用の方が浮き彫りにされる，というこ
とである．別のいい方をすれば，意識が志向性だけでは捉らえきれない側面を
有しているということでもある．もちろん，ある対象に関する記述が自己完結
性を有さねばならないということが，どのくらい重要なのかは議論の余地があ
るであろう．

　相互作用として記述するならば，意識は1人の人間の意識ではなく，人間集
団の意識，すなわち人間集団の構成員間の相互作用である，と記述すべきであ
ろう．意識は，自分を意識するのが基本なのではなく，他人を意識するのが基
本であろう．意識を相互作用とするならば，1人の人間の意識を議論するとい
うのは議論の仕方として，片手落ち，もしくは，記述の仕方としては不適切な
のではないだろうか．

　意識も進化の所産である．人間が環境に適応したことで意識を獲得したとい
うよりは，人間集団が環境に適応することで意識を獲得したというべきである．

　下等動物では，覚醒だけであり，進化の過程でその覚醒からアウエアネス，
そして，自己意識という状態が分化してきたと思われる．それでは，この先，
人間が進化すれば，自己意識がさらに分化して自己意識A，自己意識Bという
ようになるのであろうか．

8.6　2つの相互作用としてのこころ

　人間は，環境との相互作用の中で生きている．その環境は，他の人間と自然環境に分類できる．自然環境といっても，最近の都会では，ビル，舗装道路，鉄道，テレビ，等が環境であり，これは，自然環境というよりは人工環境といった方が適切かもしれないが，ここでは，都会の環境も含めて自然環境と呼ぶことにする．

　環境との相互作用も，自然環境との相互作用と他の人間との相互作用に分類できる．このように相互作用は2つに分類できるから，こころも，対自然環境の相互作用の部分と対人間の相互作用の部分の2つに分けて議論したほうが良いのではないだろうか．対自然環境の部分は，たとえば感覚などがそうであろうか．対人間の部分は，自己意識などがそうであろうか．覚醒，アウエアネスは，対自然環境と対人間両方の部分を持っているように思われる．

　こころという相互作用が，対人間の相互作用と対自然の相互作用の2つから構成されているとすれば，対人間の相互作用であるこころ（自己意識など）で対自然の相互作用のこころ（感覚）を理解しようとしても理解しきれないものが存在するのは当然かもしれない．それが感覚質などであろうか．2つの相互作用は，同じこころと呼ぶには，異質なものなのかもしれない．

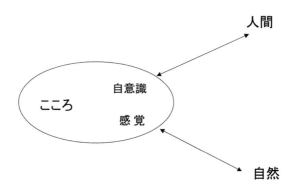

図8-2　2つの相互作用としてのこころ

　この2つの異質な相互作用, 環境との相互作用と対人相互作用の2つをうまく結合させているのが, こころではないか. この結合がうまく行かなくなると, こころがおかしくなるのではないだろうか.

　人間はこころに関して, いままで長い間議論してきたが, いまだに合意するようなこころに関する定義を持っていない. こんなに長い間議論しても合意できないのは, このような議論の仕方に問題があるのではないか. こころは, 1人の人間のこころだけを取り出して, 議論をするようなものではないのかもしれない. こころは社会の一部ではないか. 社会の一部を無理やり切り取って議論するから, おかしなことが起こるのではないか.

　こころも, 進化の所産ではあるが, 人間が集団で生きて行く上での進化の所産ではないのであろうか？集団生活が下手な人間集団（それは, 死滅して現存しないだろう）の構成員は貧弱な「こころ」しか持ち得なかったのではないか. 集団生活がうまい人間集団の構成員のこころは豊かなのではないか？進化論的に考えるとすれば, こころは, 意識と同様に人間個体の進化の所産ではなく人間集団の進化の所産なのではないだろうか.

　言語によって「こころ」の概念が異なることを, 前で触れたが, そこで, 英語の mind だけが intelligence と親和性が高いということを述べた. このことは, 「こころ」が言語によって異なるということではなく, 英米人だけが, 他の民族とは, 異なった「こころ」を持っているということなのかもしれない. 英米人の mind は, どちらかというと感情等を切り離して, こころの知的部分に焦点を合わせたようなものなのであろう. 感情は人間が進化の過程で獲得した能力であるが[戸田 92], 現代文明での人間の生活では, この感情はたびたび, 災いをもたらす.「あまり感情的になるな. 冷静になれ.」というせりふは, よく聞かれる. 状況にもよるが, 感情的であるよりも冷静である方が良い場合が多い. ある見方をすれば, 英米人は, 人類が進化の過程で獲得したが現在ではお荷物になりつつある感情をこころから追放した mind を開発したのであろうか. すなわち, 英米人という人間集団が, 進化の過程で mind を獲得したのであろうか. このことは, 現在の世界の政治経済が英米人中心ということと関係があるであろうか.

8.7 こころ／脳と重力／電磁力の並行的な議論

　電磁力で結合している 2 つの物体間に働く重力を記述するのに，1 つの物体
だけを取り上げて記述することも可能であるが，基本的な記述の単位は，2 つ
の物体である．質点系の力学を 1 質点に注目して記述することの意味はあるの
か．こころも同様ではないだろうか．次のような対応を取れるであろう．

　　　　　人間集団………物体集団

　　　　　人　間………物　体

　　　　　こころ………重　力

　　　　　脳………電磁力（物体は，基本的に電磁力で結合している.）

　2 人の人間間の相互作用（こころ）がその人間の脳に作用する．これは重力
が，その重力が作用している 2 つの物体の電磁力的結合に作用するのとおなじ
である．重力はその物体を構成する分子の結合状態に影響を及ぼす．

　こころもその人間の脳の状態に影響を及ぼす．逆に，物体を構成する分子の
電磁力的結合状態に変化があれば，その変化はその物体が関与している重力の
相互作用に影響を及ぼす.こころに関しても同様である.脳の状態が変われば，
こころにも変化が生じる．

　複数の剛体間の相互作用，引力を記述するときに 1 つの剛体を取り上げて，
引力を記述する方法と複数の剛体で記述する方法がある．どちらが適切であろ
うか．剛体内の引力によって引き起こされるひずみを観察しているのが，今の
こころの観察の仕方に相当するのではないか．これは，これで意義があるであ
ろう．しかし，2 つの剛体を持ってきてその相互に及ぼす力，影響を調べると
いう手法の方がもっと適切なのではないだろうか．

　こころと脳の因果関係は，こころが原因の場合もあれば，脳が原因の場合も
ある．物体の動きの原因が，電磁力が原因の場合もあれば，重力が原因の場合
もあるのと同様である．意識などのこころの機能が人間集団の構成員間の相互
作用であるとするならば，その存在論的身分は，電磁力で結合している 2 つの
物体間に働く重力の存在論的身分になぞらえて議論できるのではないだろうか．

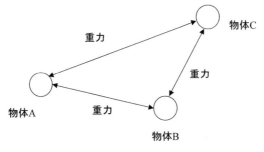

図 8-3　重力の図

　重力はどこに存在するのであろうか．それが作用している物体に存在するのであろうか．そうではないであろう．重力そのものは見えないが，見えないからといって，存在しないと誰も考えない．（もっとも，昔は，重力の存在に関する議論があったらしいが）こころも，同様に考えられないのだろうか．複数の人間間に作用する相互作用であり，それがどれか 1 つの人間の中に存在するとかしないとかの議論は，あまり意味がないのではなかろうか．

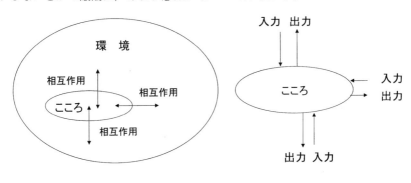

図 8-4　環境に組み込まれたこころ　　　図 8-5　こころだけ

8.8　ロボットに意識をもたせるには

　以上の考察より，意識とは基本的に同一集団の構成員間での相互作用であるということなので，ロボットに意識をもたせるにはロボットの集団が必要であることになる．これは必要条件であって，覚醒，アウエアネス，自己意識をロ

ボットに持たせるには,具体的にどのようにしたら良いか,今後の課題である.

8.9 こころを脳に還元することについて

こころを脳に還元する説に関してであるが,こころを人間集団の構成員間の相互作用とする立場からすれば,こころを脳に還元するという話は,重力を電磁力に還元する話と同じである.重力が電磁力に還元できないのと同じように,こころも脳に還元できない.

こころを脳に還元したいのは,こころを神秘的なものとして扱いたくないからである.脳に還元できれば,見えるものになる.見えるものに帰着させることで,自然化し安心するのである.それでは,自然化するとはどういうことか,自然化するとは,「殺す」,「無機的なものとして扱う」ということでなかろうか.すなわち自然化したいとは超越的な視点を得たいということではないのだろうか.自然化するとは,人間が超越者,神になるということではないだろうか.しかし,われわれは神にはなれないので,自然化もできないのではないか.人間は中間者(人間集団の構成要素)なので,すべてのものを超越するなどということは無理であろう.

こころは人間から見れば神秘的であるが,人間集団から見れば神秘的ではない.人間集団は実在している.こころは,その人間集団の相互作用である.こころの超自然性は,人間が中間的存在だからであろう.

人間がこころを語るのが難しいのは,こころが「人間より上にある」からではないか.人間が「1番上」の存在であれば,すべては物質的に記述できるであろう.人間が,この宇宙で中間的存在であるから,人間より「以下」のものは物質的に記述できるが,人間より「以上」のものは非物質的に記述するのではないか.分子が他の分子間の相互作用をどのように「認識」しているのだろうか.

こころが物質の複雑化の産物であるとすれば,それは,人間という物質の複雑化という形で存在するよりは,人間集団という物質の複雑化として存在するのではなかろうか.

従来の自然化は,こころを脳に還元するという形で実現しようとしているが,

こころを人間集団の構成員間の相互作用と捉えることも，自然化の 1 つの実現形態である．こころを脳に帰着させることで神秘性がなくなり，自然化されるというのは，脳が物理的なもしくは可視的な存在だからである．それと同様に，こころを人間集団（社会）に帰着させることで，神秘的でなくなり自然化される．というのは，人間集団（社会）が物理的なもしくは可視的な存在だからである．重力の存在は，物資が動くことで確認できる．こころという相互作用の存在も，人間が動くことで確認できる．愛憎などで殺人，自殺などが起こる．

　帰着もしくは還元は，通常，あるものからそのものの構成要素に対して行われる．したがって，こころを人間集団に帰着させることで，自然化するというのに対しては，違和感を持たれる読者は多いであろうが，帰着を構成要素でないものに対して行っても良いであろう．人間がこころを脳に帰着させて可視化したいというのは，重力作用を受けている物質が，重力を電磁力で結合しているその物質に帰着させようとしているようなものではないであろうか．

　物理学では，現在のところ，4 個の相互作用が確認されている．重力，弱い相互作用，電磁相互作用，強い相互作用である．これらを，いったん，独立した相互作用として認めた上で，それらを統一的に扱えないかを検討している．将来，統一的に扱える理論が現れるかもしれなし，現れないかもしれない．これと同様の扱い方が可能ではないか．現在のところは，こころという相互作用を，他の物理的な相互作用とは別の相互作用として認めた上で，他の物理的な相互作用と統一的に扱えるかどうかを検討してはどうであろうか．こころという相互作用と電磁力は，別物だが，将来は統一的に記述されるかもしれない．こころを相互作用として記述するには 2 つの方法がある．1 つは，1 つの相互作用として記述する方法である．もう 1 つは，対自然環境の相互作用と対人間の相互作用の 2 つの相互作用として記述する方法である．

9 コンピュータによる人工知能

　今までは，ロボットにこころを持たせるには，とくに，ロボットにことばを理解させるには，どうすれば良いかを考えて来た．ここでは，現在のコンピュータでどこまでできるかを考えてみたい．そして，その視点から記号主義とコネクショニズムについて述べたい．

9.1 コンピュータは自律的にことばを理解できない

　今までの議論に基づくと，現在のコンピュータは身体がないので，感覚運動回路でイメージ（記号内容）を作ることができない．その結果，身体性人工知能は，現在のコンピュータでは実現できない．ところで，現在のコンピュータには身体があると主張する人もいよう．キーボードやディスプレイがコンピュータの身体であると，主張する人がいよう．しかしながら，これらをコンピュータの身体と認めても身体と呼ぶにはあまりにも貧弱である．したがって，人間みたいにイメージを作ることはできない．また，インターネットがコンピュータの身体であるといった人もいた．インターネットはコンピュータの身体であろうか．インターネットは，情報をコンピュータにもたらすが，インターネットでは足や腕みたいに，この物理世界と相互作用してイメージを作ることは

できない.

　現在のコンピュータが,身体がないといっても身体運動もしくは感覚運動回路をソフトウエアで模倣できないであろうか.われわれの身体は,この世界の因果律の束縛の中で動いている.これに対しソフトウエアは,その因果律から開放されている.ソフトウエアで身体運動を模倣するには,身体が,現実の世界,宇宙で受けている因果律,法則をすべて枚挙せねばならない.現在の人類の有している,世界や宇宙に関する知見がすべてであれば,すなわち,われわれ人類が世界や宇宙のことをすべて知っているのであれば,その知見に基づいてソフトウエアで因果律や法則を模擬的に実現することができる.

　さて,現在の人類は世界,宇宙のことをすべて知っているであろうか.筆者はそうは思わない.人類にわかっていない法則,因果律は無数にあるであろう.したがって,現在の人類はこの世界,宇宙のことをすべて理解していないので,現段階(西暦2002年)で,ソフトウエアで身体運動を模擬的に実現するのは不可能であると思う.よって,言語を理解するために必要であるとされる身体運動の想像をソフトウエアで模擬的に実現するのは不可能であると考える.それゆえに,ことばを自律的に理解するようなことは現在のコンピュータのソフトウエアでは実現できないのである.

9.2　メタファーに基づく人工知能

　現在のコンピュータは,感覚運動回路が外界と相互作用をして,基本領域の構造(暗黙知)を作成できない.別のいい方をすれば,基本領域は記号的に遡及不可能性である.これが現在のコンピュータの限界である.現在のコンピュータでできる人工知能は,基本領域以上であるメタファーに基づく人工知能(Metaphor Based Artificial Intelligence:MBAI)であるが,それは基本領域とそれが投射される応用領域から成り立っている.メタファーの部分は,原理的には,現在のコンピュータで実装できる.この場合には,基本領域の構造もしくは形式は,あらかじめすべて人間が実装せねばならない.しかしながら,この実装は,かなり大変である.

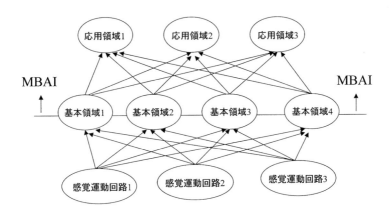

図 9-1 メタファーに基づく人工知能

　メタファーに基づく人工知能も，現在のコンピュータでの広義の記号の計算を実行することになる．そうなると，他の記号主義の人工知能とどこが違うのであろうかという問いが出てくるかもしれない．メタファーに基づく人工知能では，メタファーの基本領域の構造か形式を実装し，その構造か形式を応用領域に投射することで，物事を理解しようとする．これが，メタファーに基づく人工知能での記号計算である．すなわち，メタファーに基づく人工知能の記号計算とは，想像の記号計算もしくは経験の形式の記号計算である．他に，記号主義の記号体系は種々ある．しかしながら，その記号体系は，基本的に想像や経験の形式とは関係がない．

　メタファーに基づく人工知能は，人間並みの人工知能をめざす．人間並みの人工知能とは，自然知能である人間に現象的にそして機能的にも近い人工知能という意味である．すなわち良くも悪くも人間に似ていれば良いという立場である．したがって，人間が不得意なことはできなくて良い，もしくはできない方が良いという立場である．たとえば，「坊主が….」の文章であるが，自然知能である人間が何回も挿入のある文をイメージできないのであるから，自然知能の模倣であるメタファーに基づく人工知能もそのような文は処理できなくて良いし，処理できない方が良いのである．

　想定されなかった状況に対応できないのは従来の人工知能の大きな欠点とし

て指摘されてきたことである．人工知能に関して「現在の人工知能を現実世界におくと，非常に硬直した動きしかできず，環境に柔軟に適応することができない．すなわち，あらかじめ想定された状況では適切な処理ができるが，想定されなかった状況ではほとんど無力である．」といわれる．

　この論評は，別のいい方をすると，現在の人工知能は，設計者の作ったプログラム通りに動くだけで，意味を理解して動いていないから，想定されなかった状況ではうまく動かないのである，ということになる．上記の論評は，さらに別ないい方をすれば，現在の人工知能には自律性がないということでもある．

　また，上記の論評で「あらかじめ想定された状況では適切に処理はできるが，想定されなかった状況にはほとんど無力」であるといっているが，想定するとは，「想像して定める」である．現在の人工知能は，設計者が想像して定めた状況には動作するが，設計者が想像して定めなかった状況には良好に動作できない．これに対し，人間はあらかじめ想定されなかった状況にも，適当に想像力等を用いて，対応できる．もちろん，対応できない場合もあるが．

　メタファーに基づく人工知能も記号処理システムであるが，従来の人工知能と比べた時の特徴は，メタファーに基づく人工知能では，想像力の記号操作が可能であり，想定されなかった状況に対応できることである．メタファーに基づく人工知能は「想像力」を持っているので，設計者が想像して定めなかった状況にも良好に動作するように成るであろうことが予想される．このようになるには，基本領域から応用領域への投射機構が高度であらねばならない．別のいい方をすれば，従来の人工知能は基本的には丸暗記であって応用がきかないのに対し，想像力を持つ MBAI はそれなりに応用がきくのである．

9.3　記号主義について

ここでは，2章で述べなかった事項について述べる［月本 01］．

9.3.1　主知主義的人間観について

　記号主義では，こころを記号を計算する機械としているが，たとえば，こころの状態である喜怒哀楽は，記号の計算なのであろうか．どうも，そうは思わ

れない．したがって，こころが記号を計算する機械であるとするのは，こころ
の定義としては狭いし，記号計算に偏りすぎているように思われる．

　もし，喜怒哀楽も記号の計算というならば，喜怒哀楽は，どのような記号の
どのような処理・操作なのであろうか．好きな人間が死ねば非常に哀しいし，
好みの音楽を聴けば楽しいが，これを記号の計算というには，少しもしくはか
なり無理があるのではないだろうか．

　また，「喜怒哀楽」は，記号計算に付随する現象という説もあるようだが，感
情などを計算の付随現象と捉えるのは，果たして適切なのであろうか．記号計
算を重視しすぎているように思われる．記号計算が基本であるのか，感情が基
本であるのかと問われれば，進化の歴史からすれば，感情の方が基本的である，
と思われる．感情を軽視して，こころを記号を計算する機械であるとする見方
の背後には，主知主義的人間観，合理主義的人間観があるように思われる．

　未来の人間がどうなっているかわからないのであるが，感情が極端に乏しく，
つねに冷静沈着な人間だけが，進化の過程で淘汰されて残っているかもしれな
い．その場合には，喜怒哀楽が記号計算の付随物であるということは，正しい
かもしれない．

9.3.2　記号主義的人工知能の手法について

　人間観がどうであろうが，現実に動けば良いではないかと思われる読者もい
よう．そこで，ここでは，きわめて簡単に記号主義的人工知能の手法について
述べてみたい．

　記号主義的人工知能にもいくつかの手法が存在するが，論理に基づく手法が
多い．この論理に基づく手法は，基本的に現在主流である記号論理学の枠組み
に基づいて記号処理系を構築している．代表的なものとして，形式的オントロ
ジー，非単調論理（推論），論理プログラミング，帰納論理プログラミング，状
況意味論等がある．

　論理を用いた典型的な形式的知識表現方法は，一階述語古典論理に基づいた
知識表現方法である．この表現方法は厳密なため，人工知能が取り扱う現実世
界の記述や常識の記述には不向きであり応用上種々の不具合があるので，非単
調論理等の非古典論理が研究されてきた[McCarthy 86]．現在でも，現実の世界

の記述を始めとする，いろいろな人工知能上の要求に対応するべく，多くの非古典論理が研究されている．

現在の記号主義的人工知能は，以前に比べると少し勢力を失っている感じである．「論理はだめだ．」と筆者にいった記号主義者がいた．「なぜ？」と筆者が聞くと「処理手法が結局，探索になってしまい膨大な時間がかかるから．」と答えた．表現方法だけでなく処理時間に関しても，記号論理に基づく手法は問題があるのである．

論理がダメなら論理を用いずに，記号処理を行えば良い．論理以外の記号処理といえば，たとえば確率である．最近は，そういう記号処理の手法が散見される．

9.3.3 記号論理学の枠組みについて

ここでは，現在の記号論理学の枠組みが人工知能に適切かどうかを考える．記号処理的手法であるならば，その核になる部分に「論理」と呼ばれるような記号処理の規則等が存在するのは当然である．しかしこの「論理」が現在の記号論理学的枠組みに準拠せねばならない理由はない．

現在の記号論理学は前世紀から今世紀にかけて，主に数学を対象に構築されたものであり，その枠組みが記号主義的人工知能に向いているとは限らない．にもかかわらず，記号主義的人工知能は記号論理学の枠組を採用してきた．

そもそも論理とは某国語辞典によると「与えられた条件から正しい結論が得られるための考え方の筋道」であり，論理学とは「正しい判断や認識を得るために，ものの考え方のパターンを研究する学問」である．このように考えると，現在の記号論理学の枠組み，すなわち，命題／述語の区分，モデル論的意味論，代入，完全性等の基本的な事項が，われわれ人間の「ものの考え方のパターン」を研究する枠組みとして適切なのかを問う必要がある．

記号論理学の枠組みには自然知能である人間の記号処理の実際の現場が反映されていない．人間の記号処理は，各人が自身の記号処理を観察すれば比較的容易にわかることであるが，想像力を用いて実行されている．この人間の実際の想像力の，すなわちイメージ操作の形式的体系のほうが，自然知能の模倣である人工知能の論理としては適切ではないであろうか．

　想像力の言語的（記号的）側面がメタファー等であり，メタファーの形式化が人工知能の論理である．すなわち，ここでいう論理とは想像力の言語的側面であるメタファーの形式的体系のことである．

　このような観点から論理を眺めてみると，命題論理はもっとも基本的なメタファーである「包含」の形式化であり，命題/述語の区分は基本的になくなり，モデル論的意味論の代わりに差異に基づく意味論が，代入の代わりにプロトタイプが，パターンマッチングの代わりに近似が，完全性の代わりに不完全性が，取って代わることになる．

　命題/述語の区分，代入とプロトタイプは，7 章で説明した．パターンマッチングは，2 章で説明した．モデル論的意味論，差異に基づく意味論，完全性，不完全性は，次節で説明する．

　以上を要約すると，記号論理学は（自然）言語の 1 つの形式化であるが，これは人工知能には不向きであり，人工知能に向いている論理は，想像力の言語的側面であるメタファーの形式化である，ということになる．今までの議論を整理して，記号論理学と人工知能のための論理学の対応表を作成すると以下のようになる．

記号論理学	人工知能の論理
述語有	述語無
モデル的意味	差異に基づく意味
代　入	プロトタイプ
パターンマッチング	近　似
完全性	不完全性

図 9-2　記号論理学と人工知能の論理

9.3.4　差異に基づく意味

　包含の形式化である命題論理と上下の形式化である論理（これを「上下論理」と呼ぶ.）は記号処理の体系が違う．記号処理の範囲では，この記号処理の差異が意味なのであり，これ以外の意味は有り得ないし，これ以外もしくは以上の意味を求めるには現実が必要である．モデル論的意味論は，記号（表現）の意

味として，現実のあるものを対応させる．たとえば「机」の意味は，現実の机
のことである．現実を理解している人間にとっては意味論であるかもしれない
が現実を理解していない，すなわちイメージできないコンピュータにとっては
意味論ではない．

　コンピュータにとっての意味とは記号処理の体系の差異だけなのである．た
とえば，包含の形式化である命題論理の（記号論的）意味は，それ単独では，
無いのである．なぜならば，それと比較されるべき他の記号処理体系，論理が
存在せず，差異が存在しないからである．上下を形式化した論理（たとえば様
相論理），もしくは導管，建築等の領域の形式的記号処理体系が存在してはじめ
て，包含の形式化である命題論理は，比較されるべき他の記号処理体系を有す
るので，（記号論的）意味すなわち他の記号処理体系との差異を有し，意味を有
することになる．われわれ人間は身体があり想像力があるので，各々の基本領
域の意味すなわちその領域が指し示す現実世界の事柄をわかってしまうが，コ
ンピュータで実現される人工知能には身体がなく想像力がないので，それがで
きない．

　上記のように，差異に基づく意味論を展開する必要があるが，それにともな
いモデル論的意味論は重要でなくなる．モデル論的意味論が重要でなくなると，
完全性等も重要でなくなる．完全性とは，ある論理の証明系が，正しい命題を
証明できるという性質である．正しい命題を証明できないと，論理としては，
不都合である．完全性が重要でないとは，証明と真偽との対応がそれほど重要
ではないことを意味する．

　その代わりに不完全性が重要になってくる．実際の人間の記号処理は完全で
はない，すなわち正しいことでも証明できないことが多い．したがって，どの
ように不完全であるかがむしろ重要なのである．このためには情報（量）的検
討が重要である．現在の情報理論は確率の上に構築されているが，われわれの
日常生活での文章（命題）が相互に情報を伝達するために使用されるものであ
ることを考えれば，文章（命題）上に情報量が定義されていても良いし，むし
ろ定義されているべきである．不完全性は，たとえば直観主義論理のブール代
数に対する不完全性等の形で議論される．

9.3.5 数学と自然言語について

いままで，記号ということで自然言語と数学を同類で扱ってきた．しかしながら，規則が明確に定義されている数学の記号計算と規則が不明確である自然言語の記号計算とは，同じ扱いができないのではないであろうか．

記号主義では，記号論理学を用いる手法が多い．その場合，記号論理学をそのまま適用する試みもあるが，既存の記号論理学を拡張したりはするが，記号論理学の基本的な枠組みに関しては，そのまま使っている．しかしながら，それで良いのかという議論がある．

数字とことばは，記号として一緒に扱われる場合が多いが，数字とことばでは異なる．数字は，数学的に処理できる．論理と集合論で形式的に議論できる．たとえば，論理としては古典述語論理で，数学的な世界の記号は形式体系化ができる．

これに対して，自然言語は古典論理のような手法で形式体系化できるほど単純ではない．古典論理と自然言語の間隙は非常に大きいと考える．そもそも，現在の記号論理学は，数学のために作られたものである．それの基本的な枠組をそのまま，自然言語に使おうとしても，無理がある．

チョムスキー流の形式的言語学があるが，構文論までは良いが，意味論になると，あまり有効ではない．少なくとも現状では，意味を満足に処理できていない．もちろん，このようにいえば，反論があるであろうが．筆者には，チョムスキー流の形式言語学は，自然言語を記述するには不適切であると思われる．たとえば，言語を認知等の他の機能から独立して議論するという方法論自体が疑問である．これに対して，認知言語学では，認知と言語を関連あるものとして扱かう．言語を記述する枠組みとしては，チョムスキー流の形式的言語学よりは，認知言語学の方が適切であると考える．

9.4 コネクショニズムについて

ここでは，2章で述べなかった事項について述べる[安西94][石川88][往住88]．なお，以下ではおもにフィードフォワードニューラルネットワークを念頭に置いている．

9.4.1 ニューラルネットワークの特徴

ニューラルネットワークの第1の特徴は分散表現である．ひとつの素子が，ひとつの機能，概念を表現するのではなく，複数の素子で，ひとつの機能，概念を表現する．ひとつの素子は，複数の概念，機能に部分的にかかわっている．人間の脳でも一般には，分散表現されている．

ニューラルネットワークの第2の特徴は並列処理である．記号処理プログラムは，基本は逐次処理であるが，並列処理化することは可能である．ニューラルネットワークでは，各素子ごとに並列処理が可能であり，人間の脳の並列処理が自然に実現されている．

上記の分散表現と並列処理は，第3の冗長性という特徴につながる．どれかひとつの素子が壊れても，ある機能や概念に与える影響が小さいため，少し劣化するだけで，まったく動かなくなるということはない．また，状況によっては，ある素子を削除しても，残りの素子で削除する前と同じ動きを実現することもあり得る．やはり，この冗長性も人間の脳に見られる．

9.4.2 ニューラルネットワークの問題点

2章で後述するといった問題に関しては，以下の通りである．

① 工学的な問題

学習後のニューラルネットワークの学習結果は，重み係数とバイアスの数値の集合であり，これでは何を学習したかが人間には理解できない．筆者は，この問題を研究し近似法という手法を提示し，この問題を基本的に解決した[Tsukimoto 00]．

学習データが大きくなったり複雑になったりすると，誤差逆伝播法等を用いたニューラルネットワークの学習は非常に時間がかかるという問題がある．これに関しては，高速化の手法がいろいろと提案されていて，ある程度までは改善されている．

また，ニューラルネットワークの学習では，最適な学習が保証されていない．もっとも良いパラメータにたどり着くことができない．そこで，確率的探索アルゴリズムで，最適なパラメータにたどり着こうという試みがなされている．

② 記号処理を行う上での問題

ニューラルネットワークによる記号処理に関して，原理的に無限回が可能でなければならない代入ができない．記号主義では再帰的な処理（代入）を容易に実現できる．再帰的な処理（代入）とは，自分自身を何度も呼び出すような処理である．たとえば，「坊主が屏風に絵を書いた…」のような入れ子がいくつもあるような文章の処理などである．

これらは基本的に無限回の扱いが必要であるが，ニューラルネットワークではこれらの処理は困難であるか不可能である．いくつかの試みがあるが，それはあくまでも，当の再帰的な処理でなく再帰的処理もどきである．その理由は，ニューラルネットワークは基本的に無限回の扱いができないからである．

ニューラルネットワークでは，全称記号を用いた述語論理式（すべての人間は死ぬ．）が表現できない．全称記号とは「すべて」のことである．この理由も，上記の再帰的処理と同様に，無限の扱いができないからである．

ニューラルネットワークの非線形回帰能力に関しては，以下で詳述する．

9.4.3 ニューラルネットワークは，非線形関数のグラフ表現である．

ニューラルネットワークの本質は非線形関数であり，ニューラルネットワークは（現状では）もっとも優れた（万能）非線形回帰モデルといえる．なお，ここでは「回帰」という用語を広義に用いる．

ニューラルネットワークには脳の神経回路網のモデルという側面もあるので，低水準の認知モデルにはなりうる．高水準の認知モデルの場合であるが，通常は非常に多くの神経回路網で実現される高度な認知機能を，比較的簡単なニュ

ーラルネットワークでモデル化しようとするものが多い．実際の神経回路網を
忠実にニューラルネットワークでモデル化する研究もあるが．

　それらのモデルが成功しているのは，それらのモデルが脳の神経回路網を模
倣したことによるというよりは，ニューラルネットワークの非線形回帰能力に
よるというべき場合が多い．したがって，それらは，脳の神経回路網のモデル
というよりは，脳の（認知）機能の非線形関数による回帰モデルと呼ぶほうが
適切である．記号処理，とくに，自然言語処理に関しても，ニューラルネット
ワークによる構文処理等の研究がなされているが，それがある程度良好に動作
するのは，ニューラルネットワークの回帰能力に依存している．

　しばしば，ニューラルネットワークを用いる立場はコネクショニズムといわ
れ，こころの機能に注目する機能主義（デネットが代表的論客）とは，一線を
画するが，上述のように，実際にニューラルネットワークで研究されているこ
とは機能主義に近い．

　通常，ニューラルネットワークは，非常に多くのパラメータを持っている．
パラメータが多ければ，複雑な機能や現象を近似できる．簡単な例でいえば，
1000個のデータがあれば，1000個のパラメータを持つ式で近似できる．たとえ
ば，1000個のデータを1000次元（正確には999次元）の関数で近似できる．
このように，極端ないい方をすると，パラメータの数をふやせば，基本的にど
んな認知機能でも，そのモデルを作ることができる．しかし，このようなモデ
ルの作り方は，一般的に意味がない．

　また，前述したが，ニューラルネットワークが脳の神経回路網のモデルであ
っても，それが脳全体のモデルになりうるわけではない．人間のモデルが人間
の集合である社会のモデルになりうるわけではないのと同様に，神経回路網の
モデルが，神経回路網の集合である脳のモデルになりうるわけでないのである．

　コネクショニズムは，非線形関数であるニューラルネットワークのグラフ表
現の結線に由来するものであるが，線形関数も結線を用いてグラフ表現ができ
るので，線形関数を多用している統計学もコネクショニズムといわねばならな
いが，統計学をそのようには呼ばない．すなわち「コネクショニズム」という
語は，コネクショニズムの特徴を適確につかんでないといえる．コネクショニ
ズムの特徴はコネクション（結合）ではなく非線形関数にある．

9.4.4　現在の人間の脳の機能と構造の主要因

　また，ニューラルネットワークはデータを用いた学習を必要とする．実際の
神経回路網も学習が必要である．先天的な神経回路網の回路構成も，長い進化
の過程で，人間が集団で外界のデータを学習してきた成果である．このように
考えると，なぜ人間の脳が現在のような機能や構造になったかは，脳の構成要
素である神経回路網に帰着されるというよりは，長い期間にわたって脳に学習
データを提供してきた外界（環境）に帰着されるといえる．ここでいう外界（環
境）は他の人間も含む．

　たとえば学習データがあり，これをニューラルネットワークに学習させたと
しよう．何をニューラルネットワークが学習したかを知ろうとすれば，ニュー
ラルネットワークの学習後の重み係数とバイアスを調べるであろうか．それと
も，学習データを見るであろうか．学習データを見た方が，きわめて簡単に理
解できるであろう．

　しかしながら，神経回路網は，その機能を実現する素材であるので学習を可
能にしているとともに，学習可能性の制約としても働いているため，現在の脳
の機能と構造に影響を与えているであろう．よって，環境が提供した学習デー
タを理想的には学習していないことの方が普通であろう．したがって，脳が半
導体から構成されていたとすれば，外界が同じ学習データを提供してきたとし
ても，別様の脳に仕上がっていたであろう．しかしながら，たとえ，脳が半導
体からでき上がっていても，基本的な機能や構造は現在の脳と同様であろうと
思われる．なぜならば，脳に必要とされる機能は脳の素材とは基本的に独立に
外界（環境）が設定してきたからである．

　現在の脳と半導体の脳の関係は，データを学習する複数の手法の関係に似て
いるであろう．たとえば，重回帰式での学習結果とニューラルネットワークで
の学習結果は同じ学習データでも，その学習結果は異なる．

9.4.5　分散表現について

　コネクショニズムの特徴の1つに分散表現があるが，分散表現は良いことな
のであろうか．英語が上手な日本人は，英語を処理する部分と日本語を処理す

る言語野の部分が異なり，英語が下手な日本人は言語野の同じ部分で処理するとのことである．機能分化しているほうが優れているのである．

　また，たとえば，擬音は聴覚野と言語野で反応するが，これより，現在の人間の脳の言語野が聴覚野から分離したと推察される．すなわち，昔の人間の脳は，聴覚野と言語野に機能分化していない．すなわち，分散表現されている．脳は分散表現から機能分化へと進化してきた．分散表現が良いというなら言語機能のない昔の人間の脳の方が良いことになるが，これはおかしいであろう．さらに進化が進めば，現在の脳が分散表現されている部分も機能分化するであろう．

　コネクショニズムの分散表現に対する高い評価は，現在の人間の脳が，進化の最終段階であれば，そうであろうが，進化の途上であれば，分散表現は，単に現在の人間の脳が未分化すなわち不完全であることを意味しているだけであろう．

　筆者は，現在の人間の脳が進化の最終状態であるとは考えないので，現在の人間の脳の分散表現は，その脳が未分化すなわち不完全であることを意味していると考えるので，現在の人間の脳の分散表現をそれほど高く評価することはないのではないかと考える．

9.5　記号主義とコネクショニズムの統合について

9.5.1　記号主義とコネクショニズムの欠点の解決

　記号主義とコネクショニズムの欠点を，解決しようとする研究が行われており［Dinsmore 92］，これらは以下の 3 種類の研究に分類できる．

　　構造化：ニューラルネットワークを構造化して述語処理，自然言語処理を
　　　　　　行う研究
　　分散表現：構造化せずに，分散表現のままで種々の情報処理を行う研究
　　記号パターン統合：記号処理とニューラルネットワーク（パターン）処理
　　　　　　を統合して高度な情報処理を行う研究
　構造化と分散表現については前で簡単に触れたので，ここでは記号パターン

統合について簡単に述べる.

　記号主義とコネクショニズムの統合については，情報処理の能力を向上させるという工学的な目的でなされる場合が多い．その代表的な統合方式を図 9-3 に示す．人間においては，どのように，記号主義とコネクショニズムが統合されているのであろうか．すなわち，どのように，記号処理と神経回路網による処理が統合されているのであろうか．

図 9-3　記号パターン統合

　本書で述べてきたように，人間の言語処理では，構文処理等は，記号処理的に処理されていると考えられる．この構文処理系は，脳，手，指，紙から構成されていて，脳はその構文処理系の一部である．そして，意味処理は感覚運動回路の神経回路網で構成されるイメージに基づいて処理されていると思われる．

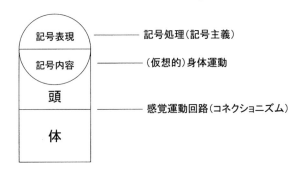

図 9-4　人間における記号パターン統合（概略）

9.5.2　パターンとイメージ

　記号は言語的記号と非言語的記号に分類され，パターンは分節度の低い記号であり，非言語的記号になる[月本 95]．本稿では言語記号を中心に考察してきたが，記号の中には，交通標識等の絵柄の記号もある．これらは普通，パターンと呼ばれるものであるが，これらのパターンも広義の記号である．

4 章で述べたように，文字は線画と音の組み合わせである．音声は音とイメージの組み合わせである．したがってイメージとパターンを同一視すれば，言語記号はパターンの組み合わせ（集合）である．

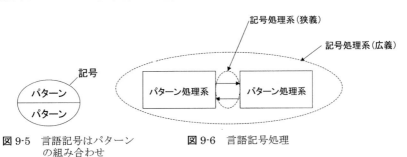

図 9·5 言語記号はパターン　　図 9·6　言語記号処理
　　　　の組み合わせ

　言語記号がパターンの組み合わせであることに注目すれば，言語記号の処理は図 9-6 のようになる．文字の場合には，2 つのパターン処理系は，線画の処理系と音の処理系である．音声の場合には，2 つのパターン処理系は，音の処理系とイメージの処理系である．この 2 つのパターン処理系を協調させて動かす処理系が記号処理系である．

　イメージの言語的（記号的）側面はメタファーである．メタファーは記号とイメージをつなぐ部分に位置する．しかしイメージそのものは仮想的な身体運動であり，1 人称的にしか理解できないものなので，人間が集団ですなわち社会の中で議論をするにはイメージの記号的側面すなわち 3 人称的側面であるパターンで代替せざるを得ない．イメージとパターンは別物である．たとえば，3角形のイメージを強いて描けば図 9-7 の左図のようであり，図 9-7 の右図のような 3 角形のパターンではない．図 9-7 の左図も 3 角形のイメージそのものではなく，あくまでも 3 角形のイメージの近似物にしか過ぎず，3 角形のイメージそのものを紙に描くことはできない．

図 9·7　3 角形

　このようにイメージそのものを議論の対象にすることはできないので，パターンで代替するのである．したがって，メタファーは記号とイメージをつなぐ部分に位置し，イメージはパターンで代替されるので，メタファーは記号とパターンをつなぐ部分に位置する，となる．図 9-8 を参照.

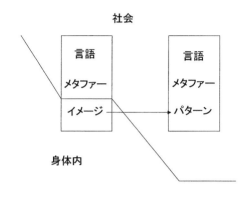

図 9-8　*イメージ，パターン，メタファー，言語*

9.5.3　記号としてのニューラルネットワーク

　ニューラルネットワークに非言語的に貯えられている知識を暗黙知といい，暗黙知の言語化とは，ニューラルネットワークから記号を抽出することである．ここでいう記号とは，現状では，古典命題論理の命題である．数学的にはブール関数と線形関数の両者を包含する多重線形関数空間が基本になる．多重線形関数とは 2 変数でいえば $axy+bx+cy+d$（ただし x, y は変数，a, b, c, d は実数.）である．多重線形関数空間で，ニューラルネットワークをブール関数で近似することができる．定義域が連続の場合は，ニューラルネットワークを連続ブール関数で近似する．これにより，暗箱であるというニューラルネットワークの欠点を言語的知識の抽出で解決している［Tsukimoto 00］.

　次に，ニューラルネットワークの論理的推論について述べる．これはニューラルネットワークを論理的に推論することである．これが可能なのは，ニューラルネットワークを非古典論理の論理的命題と見なせるからである．古典論理ではニューラルネットワークは推論できないので，非古典論理でニューラルネットワークを推論することを考える.非古典論理には種々あるが,中間論理 LC,

Lukasiewicz 論理，product 論理の完全な連続値論理で基本的にニューラルネットワークを推論できる．その理由は以下の通りである．ニューラルネットワークが離散定義域の時は多重線形関数である．多重線形関数空間は上記の非古典（連続値）論理の代数モデルである．別のいい方をすれば，上記の3論理は，多重線形関数空間に対して完全である．したがって，上記の3個の非古典（連続値）論理でニューラルネットワークが推論できる．ニューラルネットワークが論理的に推論できれば，記号主義的手法の1問題である知識獲得問題が部分的に解消できる[Tsukimoto 01a][月本 00a]．

　このように，ニューラルネットワークは論理的に推論できるのであるから，ニューラルネットワークにもとづくモデルを用いるコネクショニズムを記号主義から峻別することはできなくなる．コネクショニズムは，記号主義に対峙するものとして扱われる場合が多いが，このような状況を考えると，コネクショニズムは，通常の記号主義が主に離散的な記号を扱うのに対し，実数を扱うことから来る連続性を特徴としている違いはあるが，記号主義とコネクショニズムの違いはそれほど大きくないと思われる．

あとがき

　本書では，ロボットにこころを持たせるためには，とくにロボットにことば
を理解させるためには，どうすればよいかを述べてきた．ロボットのこころと
いう主題が非常に広くて大きいため，ことばを理解するという点に焦点をあて，
議論を展開してきた．

　筆者はロボットの研究者ではなく，人工知能の研究者である．もともとは，
現在のコンピュータがことばを理解するにはどうすればよいかを考察し始めた
のであるが，考察の結果，コンピュータでは身体がないがゆえに，そのような
ことは不可能であるという結論に達した．そこで，問題が身体のあるコンピュ
ータ，すなわちロボットにことばを理解させるにはどうすればよいかという問
題に変わったのである．

　本稿では，ロボットの自律的な言語理解に焦点をあてて考察してきたが，当
然のことながら，自律的な言語理解はロボットの自律的言語機能の必要条件で
あるが，十分条件ではない．ロボットが言語行為[Austin 75]を行わねばならな
いから仕事（タスク），状況の把握，注視機構等も必要である．

　内容は，心理学，哲学，言語学と多岐にわたる．筆者はそれらに関しても数
年に渡って勉強してきた．とくに，筆者は心の科学の基礎論研究会というもの
に5年ほど参加しているが，そこで多くの心理学者や哲学者と議論を行って来
た．その会での議論が，本書を書く上で自覚的と無自覚的をとわず参考になっ
ている．また，その研究会の成果として出版された「こころとは何か」での拙
論「記号的人工知能の限界について」（参考文献[月本 01]）が，本書の下敷き
になっている．換言すれば，本書は，参考文献[月本 01]での議論を展開したも
のである．

　本書の主題であるロボットのこころを実現するということについては，ここ
ろに関する諸科学の成果があまり出そろっていない．したがって，正しいこと

だけをいおうとすると，あまり情報量がないために言語行為としては不毛にな
る．情報量をそれなりに多くし不毛でない言語行為を行うには，無謬であるこ
とを捨てねばならないと信じている次第である．少々言い訳がましくなってし
まったが，そのために，かなり大胆なことを主張せざるをえないので，勇み足
の議論も多いかと思う．そのような箇所があれば，読者のご叱責を甘受したい
と思う．

　記述内容に万全を期すため，哲学や心理学の専門家数人に，原稿段階で読ん
でいただいたので，間違った記述はないかと思うが，もしお気付きの点があれ
ば，ご指摘いただければ幸いである．

　なお，参考文献であるが，参考文献表にあげた文献以外に，平凡社の『哲学
事典』(1971)，ユーピーユーの『AI 事典』(1988) を，適宜，参考にした．ま
た，参考文献の引用の仕方であるが，理工系の参考文献の引用の仕方は，文系
（とくに哲学系）の文献の引用の仕方に比べると，大雑把であると筆者は思っ
ている．理工系の場合には，参考文献はあくまでも「参考」文献である．これ
に対して，筆者が理解している限りでは，文系（とくに哲学系）の場合には，
どの本だけでなく，その本の何ページの何行目から何行目が，云々，という具
合の引用である．したがって，本書での哲学書等の引用の仕方に対して，（とく
に）文系の読者が違和感をもたれることが予想されるが，ご容赦願いたい．

　筆者の「身体のないコンピュータに，人間並みの言語理解は不可能である．」
という主張に関しては，残念ながら，いまだ多数意見とはなっていないようで
ある．本書を読んで，主旨変えをする研究者が出れば非常にさいわいである．
そして，本書が，知能ロボット研究や人工知能研究に，いくらかなりとも寄与
することができればさいわいである．また，この領域に興味をもって参画しよ
うと思ってくれる若い研究者が現れれば，大変幸せである．

　本書を作成する上で，何人かの方にお世話になった．ロボットに関しての資
料を提供していただいた溝口博氏に感謝する．本書の核になる部分の原稿を 3
年ほど前に読んでコメントをいただいた村田純一氏に感謝する．本書を原稿段
階で読んで，間違いを指摘していただいたり，貴重な意見を述べていただいた，
柴田正良氏，信原幸弘氏，上原泉氏，森田千絵氏に感謝する．そして，イラス
トを書いていただいた清宮洋子氏に感謝する．最後になるが、本書の編集の労
をとっていただいた吉松啓視氏に感謝する．

参考文献

[Apel75]　Apel, K.O. : The problem of Philosophical Fundamental Grounding in Light of a Transcendental Pragmatics of Language,　Man and World,　Vol.8,　No.3,　1975.（宗像他訳，知識の根本的基礎づけ，哲学の変貌，竹市編，岩波書店，1984）

[Asahi01]　www.asahi.com/nature/,　2001.

[Austin75]　Austin,　J.L. : How to do Things with Words, 2nded. : Harvard University Press,　1975.（坂本訳，言語と行為，大修館書店，1980年）

[Barwise83]　Barwise,　J. and Perry, J. : Situations and Attitudes,　MIT Press,　1983.（土屋等訳，状況と態度，産業図書，1992）

[Bergson95]　ベルグソン, H, 岡部聰夫訳：物質と記憶，駿河台出版社，1995.

[Black55]　Black, M. : Metaphor, Proceedings of the Aristotelian Society, n.s.55, 1954-1955.（尼ヶ崎訳，隠喩，佐々木編，創造のレトリック，剄草書房，1988）

[Bloomfield71]　ブルームフィールド, L., 三宅，日野訳：言語，大修館書店，1971.

[Brooks91a]　Brooks, R.A. : Intelligence without Representation, Artificial Intelligence Journal 47, 139-160, 1991.

[Brooks91b]　Brooks, R.A. : Intelligence without Reason, Proceedings of IJCAI, 569-595, 1991.

[Brooks99]　Brooks, R.A. : Cambrian Intelligence, MIT Press, 1999.

[Camus69]　カミユ, A., 清水徹訳：シーシュポスの神話，新潮社，1969.

[Capek89]　チャペック, K., 千野栄一郎訳：ロボット，岩波書店，1989.

[Churchland86]　Churchland, P.S. : Neurophilosophy : Toward a unified science of the mind-brain, MIT Press, 1986.

[Dennett87]　Dennett, D.C. : The Intentional Stance, MIT Press, 1987.（若島他訳，志向姿勢の哲学，白揚社，1996）

[Dinsmore92]　Dinsmore, J. : The Symbolic and Connectionist Paradigms, Lawrence Erlbaum Associates, 1992.

[Dreyfus72]　Dreyfus, H. : What Computers Can't Do : A Critique of Artificial Reason, Harper&Row, 1972.（黒崎他訳，コンピューターには何ができないか，産業図書，1992）

[Dreyfus86]　Dreyfus, H. and Dreyfus, S. : Mind Over Machine, John Brockman Associates, 1986.（椋田訳，純粋人工知能批判，アスキー出版，1987）

[Feyerabend75]　Feyerabend, P. : Against Method New Left Books, 1975.（村上訳，方法への挑戦，新曜社，1981）

［Fodor88］　Fodor, J.A. and Pylyshyn, Z.W. : Connectionism and cognitive architecture : A critical analysis, Cognition, Vol.28, 3-71, 1988.

［Frege84］　Frege, G. : Die Grundlagen der Arithmetik, 1884.

［Graubard92］　グロバード, S.R.編, 有本卓他訳：知能はコンピュータで実現できるか？, 森北出版, 1992.

［Harnad90］　Harnad, S. : The Symbol Grounding Problem, PhysicaD, Vol.42, pp.335-346, 1990.

［Haskins01］　www.haskins.yael.edu/Haskins, 2001.

［Heidegger26］　Heidegger, M. : Sein und Zeit, 1926.（桑木務訳, 存在と時間, 岩波書店, 1961）

［Hume88］　Hume, D. : A Treatise of Human Nature, ed.L.A.Selby-Bigge, Oxford University Press, 1888.（大槻訳, 人性論, 岩波書店, 1948）

［Humphrey86］　Humphrey, N. : The Inner Eye, Faber and Faber, 1986.（垂水訳, 内なる目, 紀伊国屋書店, 1993）

［Indurkhya92］　Indurkhya, B. : Metaphor and Cognition, Kluwer Academic, 1992.

［Johnson87］　Johnson, M. : The Body in the Mind, The University of Chicago Press, 1987.（菅野他訳, 心の中の身体, 紀伊国屋書店, 1991）

［Kant87］　Kant, I. : Kritik der Reinen Vernunft, 1787.（篠田訳, 純粋理性批判, 岩波書店, 1961）

［Kuhn70］　Kuhn, T. : The Structure of Scientific Revolutions, 2ded., University of Chicago Press, 1970.（中山訳, 科学革命の構造, みすず書房, 1971）

［Lakoff80］　Lakoff, G.and Johnson, M. : Metaphors We Live By, University of Chicago Press, 1980.（渡部他訳, レトリックと人生, 大修館書店, 1986）

［Lakoff87］　Lakoff, G. : Women, Fire, and Dangerous Things : What Categories Reveal about the Mind, University of Chicago Press, 1987, casestudy2.（池上他訳, 認知意味論, 紀伊国屋書店, 1993）

［Lakoff99］　Lakoff, G. and Johnson, M. : Philosophy in the Flesh, Basic boks, 1999.

［Lenat90］　Lenat, D.B. and Guha, R.V. : Building Large Knowledge-Based Systems, Addison-Wesley, 1990.

［Locke74］　Locke, J. : An Essay concerning Human Understanding, Everyman's Library, Vol.2, 1974.（加藤卯一朗訳, 人間悟性論, 岩波書店, 1968）.

［McCarthy86］　McCarthy, J. : Applications of circumscription to formalizing common-sense knowledge, Artificial Intelligence, Vol.28, 89-116, 1986.

［McCulloch43］　McCulloch, W.S. and Pitts, W.H. : A logical calculus of the ideasimmanent in nervous activity. Bulletin of Mathematic Biophysics 5 : 115-133, 1943.

［Merleau-Ponty67］　メルロポンティ, M., 竹内他訳：知覚の現象学, みすず書房, 1967.

［Minsky69］　Minsky, M. and Papert, S. : Perceptrons, MIT Press, 1969.

［Nietzsche83］　Nietzsche, F. : Also Sprach Zarathustra, 1883.（手塚訳, ツァラトゥストラ, 中央公論社, 1973）

［Pfeifer99］　Pfeifer, R & Scheier, C : Understanding Intelligence, MIT Press, 1999.（石黒他訳, 知の創成, 共立出版, 2001）

［Porro96］　Porro, C.A., Francescato, M.P., Cettolo, V., Diamond.M.E., Baraldi, P., Zuiani,

C., Bazzocchi, M., and di Prampero, P.E. : Primary motor and sensory cortex activation during motor performance and motor imagery : A functional magnetic resonance imaging study, Journal of Neuroscience 16 (23), 7688-98, 1996.

[Pylyshyn84] Pylyshyn, Z.W. : Computation and Cognition, MIT press, 1984. (佐伯他訳, 認知科学の計算理論, 産業図書, 1988)

[Quine61] Quine, W.V.O. : From a Logical Point of View, Harper Torch books, 1961. (中山他訳, 論理学的観点から, 岩波書店, 1975)

[Quinlan93] Quinlan, J.R. : C4.5 : Programs for machine learning, Morgan Kaufmann Pub., 1993.

[Reed00] リード, E.S., 村田純一他訳 : 魂 (ソウル) から心 (マインド) へ, 青土社, 2000.

[Richards36] Richards, I.A. : The Philosophy of Rhetoric, Oxford University Press, 1936.

[Roseblatt62] Rosenblatt, F. : Principles of Neurodynamics, Spartan, 1962.

[Rumelhart86] Rumelhart, D.E., McClelland, J.L. and PDP Research Group : Parallel Distributed Processing : Explorations in the Microstructures of Cognitron, Vol.1 (2), MIT Press, 1986.

[Sartre55] サルトル, J.P., 平井訳 : 想像力の問題, 人文書院, 1955.

[Saussure72] ソシュール, F.D., 小林英夫訳 : 一般言語学講義, 岩波書店, 1972.

[Scutz96] シュッツ, A., ゼイナー, R.M.編, 那須寿他訳 : 生活世界の構成－レリバンスの現象学－, マルジュ社, 1996.

[Searle69] Searle, J. : 1969, Speech acts : an essay in the philosophy of language}, Cambridge University Press, 1969. (坂本, 土屋 訳, 言語行為 : 言語哲学への試論, 勁草書房, 1986)

[Searle83] Searle, J. : Intentionality, Cambridge University Press, 1983.

[Strawson59] Strawson, P.F. : Individuals-AnEssayinDescriptiveMetaphysics, Methuen, 1959. (中村訳, 個体と主語, みすず書房, 1978)

[Strawson66] Strawson, P.F. : The Bounds of Sence, Methuen, 1966. (熊谷他訳, 意味の限界, 勁草書房, 1987)

[Taylor95] Taylor, J.R. : Linguistic Categorization, Oxford University Press, 1995. (辻幸夫訳, 認知言語学のための 14 章, 紀伊国屋書店, 1996) .

[Torrance84] Torrance, S. : The Mind and the Machine, EllisHorwood, 1984. (村上監訳, AI と哲学, 産業図書, 1985)

[Tsukimoto99] Tsukimoto, H. : Embodied Ontologies : Ontologies for Real Agents, The First Asia-Pacific Conference on Intelligent Agent Technology, 162-171, 1999.

[Tsukimoto00] Tsukimoto, H. : Extracting Rules from Trained Neural Networks, IEEE Transactions on Neural Networks Vo.11 No.2, 377-389, 2000.

[Tsukimoto01a] Tsukimoto, H. and Morita, C. : Connectionism as Symbolicism, Sanshusha, 2001.

[Tsukimoto01b] Tsukimoto, H. : Embodied AI : Symbol grounding through imagination, AAAI Fall Symposium, 67-74, 2001.

[Tsukimoto02] Tsukimoto, H., Kakimoto, M., Morita, C., and Kikuchi, Y. : Rule Discovery from f MRI Brain Images by Logical Regression Analysis, Progress in Discovery Science, Springer-Verlag, 232-245, 2002.

［Turner90］　Turner, M.：M.Aspects of the invariance hypothesis, Cognitive Linguistics 1, 1990.

［Turner95］　Turner, M. and Fauconnier, G.：Conceptual integration and formal expression, Journal of metaphor and Symbolic Activity 10, 1995.

［Varely80］　ヴァレリー, P., 寺田他訳：ヴァレリー全集カイエ篇, 筑摩書房, 1980.

［Way91］　Way, E.C.：Knowledge Representation and Metaphor, Kluwer Academic, 1991.

［Winograd86］　Winograd, T. and Flores, F.：Understanding Computers and Cognition, Ablex Publishing, 1986.（平賀訳, コンピュータと認知を理解する, 産業図書, 1987）

［Wittgenstein53］　Wittgenstein, L.：Philosophische Untersuchungen, 1953.（藤本訳, 哲学探究, 大修館書店, 1968）

［Wittgenstein78］　黒田亘編：ウィトゲンシュタイン, 平凡社, 1978.

［合原88］　合原一幸：ニューラルコンピュータ, 東京電機大学出版局, 1988.

［浅田01］　浅田稔：再考：HAL 設計論, 人工知能学会誌 Vol.16 No.1, 86-89, 2001.

［尼ヶ崎90］尼ヶ崎彬：ことばと身体, 勁草書房, 1990.

［安西94］　安西祐一郎, 市川伸一, 外山敬介, 川人光男, 橋田浩一：認知科学2 脳と心のモデル, 岩波書店, 1994.

［石川88］　石川真澄：コネクショニズムの展望（I）概論, 情報処理, Vol.29, No.7, 666-672, 1988.

［市川75］　市川浩：精神としての身体, 勁草書房, 1975.

［乾01］　乾敏郎, 安西祐一郎：認知科学の新展開, 岩波書店, 2001.

［井上84］　井上義彦, 菅豊彦：知の地平, 法律文化社, 1984.

［梅原73］　梅原 猛：哲学の復興, 講談社, 1973.

［往住88］　往住彰文：コネクショニズムの展望（V）批判と課題, 情報処理, Vol.29, No.11, 1988.

［苧阪97］　苧阪直行編：脳と意識, 朝倉書店, 1997.

［小野89］　小野寛：非標準論理の現状とその展望, 情報処理, Vol.30, 617-625, 1989.

［喜多村00］　喜多村直：ロボットは心を持つか, 共立出版, 2000.

［佐々木94a］　佐々木正人：アフォーダンス-新しい認知の理論, 岩波書店, 1994.

［佐々木94b］　佐々木正人, 村田純一：アフォーダンスとは何か, 現代思想 Vol.22-13, 262-293, 1994.

［柴田01］　柴田正良：ロボットの心, 講談社, 2001.

［菅野85］　菅野盾樹：メタファーの記号論, 勁草書房, 1985.

［瀬戸95a］　瀬戸賢一：メタファー思考, 講談社, 1995.

［瀬戸95b］　瀬戸賢一：空間のレトリック, 海鳴社, 1995.

［高橋99］　高橋澪子：心の科学史, 東北大学出版会, 1999.

［立川90］　立川健二, 山田広昭：現代言語論, 新曜社, 1990.

［月本93］　月本洋：不確実な知識を表現する非古典論理のモデル, 人工知能学会誌, Vol.8, No.3, 367-376, 1993.

［月本95］　月本洋：RWC 記号論に基づくパターンの考察と論理的推論, RWC 情報統合ワークショップ'95, 176-185, 1995.

［月本99］　月本洋：実践データマイニング, オーム社, 1999.

［月本00a］　月本洋：パターン推論-ニューラルネットワークの論理的推論, 電子情報通

信学会論文誌，Vol.J83-D-II No.2，pp.744-753，2000.

［月本 00b］　月本洋：コネクショニズムを超えて-Embodied AI-，科学哲学，Vol.33，No.2，29-41，2000.

［月本 01］　月本洋：記号的人工知能の限界について，足立，渡辺，月本，石川編，心とは何か－心理学と諸科学の対話，北大路書房，2001.

［月本 02］　月本洋，森田千絵：ニューラルネットワークを用いた非単調推論，情報処理学会論文誌，2002.

［戸田 92］　戸田正直：感情，東京大学出版会，1992.

［中野 01］　中野良平：ニューロナルな視点からの挑戦，人工知能学会誌，Vol.16，No.5，704-711，2001.

［長尾 92］　長尾真：人工知能と人間，岩波書店，1992.

［西川 01］　西川泰夫：心はコンピュータ，足立，渡辺，月本，石川編，心とは何か－心理学と諸科学の対話，北大路書房，2001.

［西田 88］　西田幾多郎：行為的直観，上田閑照編，西田幾多郎哲学論集 II，岩波書店，1988.

［野家 93］　野家啓一：言語行為の現象学，勁草書房，1993.

［信原 99］　信原幸弘：心の現代哲学，勁草書房，1999.

［信原 00］　信原幸弘：考える脳・考えない脳，講談社，2000.

［信原 02］　信原幸弘：主体と環境の相互作用としての認知，門脇俊介，信原幸弘編，ハイデガと認知科学，産業図書，2002.

［広松 72］　広松渉：世界の共同主観的存在構造，勁草書房，1972.

［広松 92］　広松渉：哲学の越境，勁草書房，1992.

［藤岡 74］　藤岡喜愛：イメージと人間，日本放送出版協会，1974.

［松原 99］　松原仁：鉄腕アトムは実現できるか？，河出書房新社，1999.

［丸山 81］　丸山圭三郎：ソシュールの思想，岩波書店，1981.

［溝口 01］　溝口博：ロボットの「心」？－ ロボット研究開発の歴史的展望と最先端動向の紹介，第 31 回心の科学基礎論研究会資料，2001.

［溝口 96］　溝口理一郎：形式と内容－内容志向人工知能研究の勧め－，人工知能学会誌，Vol.11，No.1，50-59，1996.

［溝口 97］　溝口理一郎：オントロジー工学序説，人工知能学会誌，Vol.12，No.4，65-75，1997.

［宮沢 79］　宮沢賢治：春と修羅，日本の詩歌 18，中央公論社，1979.

［山下 83］　山下正男：論理学史，岩波書店，1983.

［渡辺 94］　渡辺恒夫：＜諸心理学＞の統一は可能か？－メタサイエンスの観点から，科学基礎論研究，82，29-35，1994.

索　　　引

著 者 略 歴
月本 洋(つきもと・ひろし)
　1978 年　東京大学工学部計数工学科卒業
　1980 年　同大学院修士課程修了
　1995 年　工学博士(東京大学)
　2001 年　東京電機大学工学部教授
　現在に至る

ロボットのこころ　　　　　　　　　　　　　　©月本 洋 *2002*

2002 年 10 月 8 日　第 1 版第 1 刷発行　　　　【本書の無断転載を禁ず】
2004 年 8 月 31 日　第 1 版第 2 刷発行

著　者　月本 洋
発 行 者　森北 肇
発 行 所　**森北出版株式会社**

　　　　　東京都千代田区富士見 1-4-11(〒102-0071)
　　　　　電話 03-3265-8341／FAX 03-3264-8709
　　　　　http://www.morikita.co.jp/
　　　　　日本書籍出版協会・自然科学書協会・工学書協会　会員
　　　　　JCLS <㈱日本著作出版管理システム委託出版物>

落丁・乱丁本はお取替えいたします.　　　印刷/モリモト印刷・製本/石毛製本

Printed in Japan／ISBN4-627-82781-4

ロボットのこころ［POD版］

2022 年 8 月 5 日発行

著者　　　月本　洋

印刷　　　大日本印刷株式会社
製本　　　大日本印刷株式会社

発行者　　森北博巳
発行所　　森北出版株式会社
　　　　　〒102-0071　東京都千代田区富士見 1-4-11
　　　　　03-3265-8342（営業・宣伝マネジメント部）
　　　　　https://www.morikita.co.jp/